深圳博物馆藏品研究系列丛书

坐卧安寝

深圳博物馆藏床榻展示与床榻文化研究

深圳博物馆 编

文物出版社

图书在版编目（CIP）数据

坐卧安寝 ： 深圳博物馆藏床榻展示与床榻文化研究 / 深圳博物馆编. -- 北京 ： 文物出版社， 2024. 8.
ISBN 978-7-5010-8526-2
Ⅰ. TS665.1
中国国家版本馆CIP数据核字第2024YX8342号

坐卧安寝——深圳博物馆藏床榻展示与床榻文化研究

编　　者：深圳博物馆

责任编辑：王　伟
责任印制：张道奇
出版发行：文物出版社
社　　址：北京市东城区东直门内北小街 2 号楼
邮　　编：10007
网　　址：http://www.wenwu.com
经　　销：新华书店
印　　刷：雅昌文化（集团）有限公司
开　　本：889mm × 1194mm　1/16
印　　张：18.5
版　　次：2024 年 8 月第 1 版
印　　次：2024 年 8 月第 1 次印刷
书　　号：ISBN 978-7-5010-8526-2
定　　价：496.00 元

策展团队

项目总监：杜　鹃

学术指导：杜　鹃

展览监管：吴翠明

策 展 人：王昌武

内容设计：王昌武　田　雁　吴翠明　洪　斌

设 计 师：王文丽

展务管理：磨玮玮

施工统筹：古伟森

陈列布展：王昌武　田　雁　吴翠明　朱　海　磨玮玮

藏品保护：邓承璐　岳婧津

宣传推广：李佳哲　陈　钊

社会教育：胡秀娟　赵旖旎　程嘉瑶

行政支持：闫　明　陈　钊　黄俊怿

运行保障：赵旖旎

安全保卫：冯　帅

数据信息：陈自闯

序 言

“坐卧安寝”描述的是一种无论坐着还是躺着都能安然入睡的状态，体现出环境的舒适、心境的安宁以及生活的惬意。从文化角度来看，它反映了人们对于居住环境和休息质量的追求，强调了一个舒适的空间对于人们放松身心、获得良好睡眠的重要性。在传统家居文化中，精心布置的寝室、合适的家具等都有助于营造“坐卧安寝”的氛围。从生活意义上来说，“坐卧安寝”代表着一种安定、平和的生活状态，让人能够在忙碌的生活中找到宁静的港湾，舒缓压力，恢复精力，以更好的状态面对生活的挑战和机遇。它也是人们对美好生活的一种向往和期盼。

床榻是“坐卧安寝”的主要器具，床榻文化也是中国传统文化的重要组成部分。俗语说，“一世做人，半世在床”；又有说，“日图三餐，夜图一宿”。自古以来，床榻就被人们所重视，尤其是古人，对于床榻的重视简直到了吹毛求疵的地步。古代的床榻，倾注了匠人们很多心血，繁复的雕花，精致的绘画，倾注了卧睡之人的美好愿景。中国的床榻文化，因此变得更为厚重而耐人寻味。

榻，是由席发展演变而来。远古时代，人们为了避免潮湿与寒冷，便用树叶和兽皮做成席子作为坐具和卧具，可以说它们便是后来的床榻之始。到了西汉后期，才开始出现了“榻”这个名称。比如两汉时期的《乐府诗·孔雀东南飞》里便有“移我琉璃榻”。虽然，许慎在《说文解字》中直接释“榻”为“床也”，但其实它与床，还是有很大区别的。《广博物志》载：神农作床、席、荐、蓐、枕、被，少昊作箦，周公作簟。据东汉末年刘熙编写的训解词义《释名·释床帐》中解释说：“人所坐卧曰床。”其中又说道：“长狭而卑者曰榻。”东汉时期服虔撰写的我国第一部俗语词辞书《通俗文》里记载：“三尺五曰榻，板独坐曰枰，八尺曰床。”这就说明了，榻比床短小狭窄而又较矮。不过，在汉、魏、晋时期，一般的普通人士都还是席地而坐，只有那些富有的人家才有坐榻。《礼记集说》有：“古人枕席之具，夜则设之，晓则敛之，簟席之亲身者，不以私亵之用示人也。”从这里我们可以看出，很早的时候，古代人待客时用的席子都是随用随设，不用的时候就卷起来保存，而榻也是一样。唐代王勃的《滕王阁序》里有一句话：“人杰地灵，徐孺下陈蕃之榻”，说的就是东汉时期，豫章郡（今江西南昌）有一位“南州高士”，名叫徐孺。豫章太守陈蕃对徐孺的德行早就仰慕已久，在他去豫章郡上任的第一天，连官衙都没进，就直奔徐孺的家里，恳请他到太守府做客。并且为了表示对徐孺的敬重，陈蕃回府后还特地制作了一张榻，平时就挂在墙上，只有徐孺来访的时候才放下来，两人对坐秉烛夜谈。等到徐孺走后，他又把榻悬挂起来。后来，“下榻”便成了寻常人家的一种普遍的待客礼仪，而后世的“扫榻以待”也是由此而来。所以，从“下榻”这个词语来看，说明古代时期的这个“榻”，是一种小而轻便，并且很容易移动的家具，人们在用的时候就放下来，没用的时候就悬挂起来。同时，从这个典故我们又可以看出，那时的榻，有“尊者专席，独榻以示尊敬”的意义。古代人在席位上的安排也有独席、连席和对席的分别。“独席”顾名思义则是指单独一张席子，多是为尊贵的客人而铺设。“连席”则是指席子上可以坐若干人。东汉时，宫廷里百官朝会时，百官都同席而坐，只有尚书令、司隶校尉、御史中丞均设专席而坐，以示皇帝优宠，所以，后来他们便被人称为“三独坐”。而“对席”，《礼记·曲礼上》中说：“若非饮食之客，则布席，席间函丈。”也就是说，对席一般是为来谈论学问的客人而布的相对之席，为的是方便相互切磋，并且两席之间的距离仅一丈之地。后来，人们将此席称作讲席，又对前辈、学者或老师尊称为“函丈”。跟席地而坐一样，榻在当时，除了专供一个人“独坐”，当地位尊贵的人赏识某人或表示二人关系密切时，往往会与之合榻、同榻、共榻而坐。后来，自汉末以后，文人雅士和隐士们都必备一榻，以竹榻、石榻、木榻来说明自己的清高和定性，表示自己不被世间功名利禄所吸引。清代著名政治家、维新派谭嗣同有《夜成》诗云：“此时危坐管宁榻，抱膝乃为《梁父吟》。”

古代的坐榻之风始于秦汉，流行于魏晋南北朝时期，而在隋唐时期便开始渐渐衰落，但在宋元明清时期仍被使用。比如，五代十国时期南唐画家顾闳中的绘画作品《韩熙载夜宴图》中，就有两个外形几乎一模一样的榻，上面置有小几，而且三面靠背，围合镶嵌有绘画。其榻上是主人和一位红衣贵宾，其余的宾客则按身份的尊卑分别坐于一旁的椅或墩上，这就说明了此时的榻，在会客的居室内，依然具有比较尊贵的重要性。而在另一幅宋代佚名画家所绘的《槐阴消夏图》中，只见榻被置于庭院中一棵浓荫遮蔽的绿槐之下，一位老翁则袒胸赤足卧在榻上恬然入梦，此情此景又颇具魏晋时期的闲适姿态。可见，此时的榻，已不再纯粹用于会客之中了，它已经慢慢地进入了寻常百姓家的日常生活之中。并且还在中国盛唐时期传入了日本，日本人则又将之称为“榻榻米”，很快，“榻榻米”又成了日本文化的一种象征。魏晋南北朝时期，随着外族的大举入侵和政权的频繁更迭，胡人垂足而坐的生活方式也逐渐传入中原，随之而来的，是坐卧家具的增高、加宽。古代的榻，不久便被各式各样的床和坐具椅子、凳等所取代，直至最后从人们的家庭生活当中完全消失。

古代的坐榻之风虽然离我们已经很远了，但其文化却对我们中国华夏民族有着深远的影响。随着时间的推移，床榻的形式和功能不断演变。床榻有多种类型，如架子床、罗汉床、拔步床、贵妃榻等，每种类型都有其独特的特点和用途。床榻的制作通常需要精湛的木工技艺，包括雕刻、镶嵌、绘画等工艺，体现了中国传统工艺的高超水平。床榻的装饰常常采用各种艺术形式，如雕刻、绘画、书法等，题材包括人物、花鸟、山水等，具有很高的艺术价值。床榻的设计和使用反映了当时的社会文化和生活方式，例如，不同阶层和身份的人使用的床榻可能会有所不同。尽管床榻具有艺术价值，但它的首要功能是提供舒适的睡眠体验，因此在设计和制作上也会考虑人体工程学等因素。床榻文化在中国历史上得到了传承和发展，不同时期的床榻都具有独特的风格和特点，同时也受到了外来文化的影响。

上海市青浦区有一个水乡古镇“商榻镇”，据说它是由明代的王巷和朱巷两个小集镇变迁而来，是江苏太湖到黄浦江来往客商下榻之地，因“商人下榻”之意而得名。清光绪《青浦县志》曰：“商人往来苏松，为适中之地，至夕住此停榻，故名。”也就是说，因往来苏州、松江两府的商人多在此下榻，故名“商榻镇”。而这客人“下榻”留宿之意不正是由“陈蕃下榻”的典故而来。除了上海的商榻镇，在陕西省宝鸡市的岐山县还有一个“板榻村”。它地处岐山县城以南十公里。传说，有一天夜晚周文王演算八卦，突然东方现飞星斗转，耀而不暗，直至日出将至，始落于雍川某处。周文王心中便知天之将启，耀星下凡，雍川之行必有奇遇。于是在第二日带上几个随身护卫前往查看。到达一处湖水缭绕之地，只见此处草长莺飞，土地肥沃，村民憨厚老实，便认为此处必是耀星所在。只因天色将晚，周文王便决定在此处卧榻一宿，明日再查。夜半之时，文王被一阵鸟叫声吵醒，起来一看，竟是一只凤凰，只见它犹如尊神下凡，全身上下熠熠生辉，鸣叫片刻以后，便往渭水之南飞去。文王大喜，即刻启程尾随凤凰足迹而去，之后果然得姜太公，才得以灭商建周，统一天下，开创了八百年的周王朝基业。后来，这里的人们便把周文王卧榻遇凤之地称为“卧榻村”。到了女皇武则天时期，又被改名为“板榻村”。而那文王所卧之“板榻”便被奉为“迎凤榻”，尊为神物建庙供奉。可惜后来因遭遇战乱，庙宇已被破坏，“迎凤榻”亦无影无踪，但至今，唯有“板榻”之名依然存在，与周公庙遥遥相望。

总之，床榻文化是中国传统文化的瑰宝，它不仅体现了古人的智慧和创造力，也为我们了解中国历史和文化提供了重要窗口。虽然在我们的现代家具中，已经没有了那种叫作“榻”的家具，但是，不知道你有没有发现，我们现在家中的沙发、贵妃椅、凉床等等是不是还有“榻”曾经的影子，而留下来的“扫榻相迎，虚左以待”的待客之道，又岂不是古代“榻文化”的一种流传……

深圳博物馆馆长　黄琛

目录

藏品篇

床榻专题探索

展览篇

坐卧安寝

深圳博物馆藏床榻精品展

展览地点

深圳博物馆同心路馆

（古代艺术）1-4 号展厅

主办单位 / **深圳博物馆**

前 言

人生百年，昼夜各分。终日劳劳，夜则宴息。

床榻是“坐卧安寝”的主要器具，与人关系最为密切，夜间所处，半生相共，安寝得时，高枕无忧，恬然入梦，人生最乐。

床榻是社会风俗变迁的宝贵遗存，其精良的制作工艺、繁复的装饰纹样和丰富的文化内涵，展现了中国床具独有的文化价值和艺术风貌，是中国文化的结晶与人文精神的载体。

床榻家具的起源

1. 床

床在我国起源很早。《诗经·小雅·斯干》云："乃生男子，载寝之床。"《商君书》言："是以人主处匡床之上，听丝竹之声，而天下治。"[①]《庄子·齐物论》载："与王同筐床，食刍豢。"[②]春秋战国时期的"床"包括两层含义，一是卧具，二是坐具。"载寝之床"即卧具，"匡床"则指坐具。考古资料显示，河南信阳长台关1号楚墓出土的战国彩绘木床，四面装配围栏，通体髹漆彩绘花纹，工艺精湛，装饰华美；湖北荆门包山2号楚墓出土的战国漆木床，有榫卯和明暗销钉结构，且可折叠，设计精巧。

战国·河南长台关出土的漆绘围子木床[③]

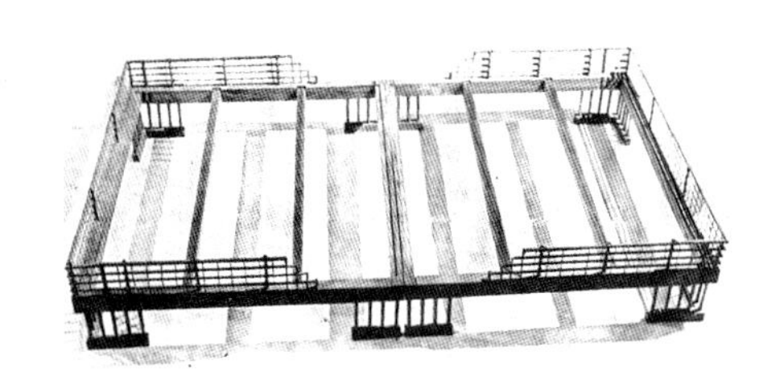

战国·湖北包山出土的黑漆围子折叠木床[④]

东晋·顾恺之《洛神赋图》卷（宋摹）中的独坐床（故宫博物院藏）

东汉刘熙《释名·释床帐》称："人所坐卧曰床。床，装也，所以自装载也……小者曰独坐，主人无二，独所坐也。"[⑤]在东晋顾恺之绘制的《洛神赋图》卷中，曹植坐于仅供一人使用的方形小床上，这种床也称"独坐床"。

自汉代以后，"床"这个名称使用范围更广，不仅卧具、坐具称床，其他用具也多有称床的，如梳洗床、火炉床、居床、欹床、册床等。

① 河南省文物考古研究所等：《河南信阳长台关七号楚墓发掘简报》，《文物》2004年第3期。

② （清）王先谦集解：《庄子》，上海古籍出版社，2009年，第26页。

③ 河南省文物考古研究所等：《河南信阳长台关七号楚墓发掘简报》，《文物》2004年第3期。

④ 湖北省荆沙铁路考古队：《包山楚墓（下）》，文物出版社，1991年，第68页。

⑤ （东汉）刘熙撰、（清）毕沅疏证、（清）王先谦补：《释名疏证补》，上海古籍出版社，2022年，第287页。

2. 榻

西汉后期，出现了“榻”这一专指坐具的名称。东汉服虔《通俗文》云：“床，三尺五曰榻，板独坐曰枰，八尺曰床。”刘熙《释名·释床帐》称：“长狭而卑者曰榻，言其榻然近地也。”可见榻是床的一种，除了比一般的卧具床矮小外，并无大的差别，所以人们习惯上总是将床榻并称。考古发掘为我们提供了不少关于榻的形象的资料，如河北望都县汉墓壁画中的独坐榻、大同北魏司马金龙墓出土的木板漆画中的独坐小榻等。它们有正方形和长方形两种，都是仅供一人使用。汉代以后，“床”一般专指睡觉用的卧具，而“榻”则成为供休息和待客所用之坐具的特定名称。

北魏·司马金龙墓漆画屏风上的小榻
（山西博物院藏）

五代·顾闳中《韩熙载夜宴图》中的坐榻
（故宫博物院藏）

南北朝以后，开始出现高足家具。这一时期人们的坐姿也有所变化，更多的不是采用跪坐形式，而是两腿朝前、双脚向里交叉盘屈的箕踞坐。坐榻的形体也都向宽大的方向发展，并出现了围子。五代顾闳中《韩熙载夜宴图》中描绘的坐榻巨大，其左、右、后三面均安装有较高的围板，正面两侧各安一独板扶手，中间留门可以上下，同时坐上几人仍显得绰绰有余。在坐榻后面，还可以看到当时睡觉用的卧床。[1]

① 胡德生：《浅谈历代的床和席》，《故宫博物院院刊》1988 年第 1 期。

馆藏床榻形制

从无足的席，到高足的床榻；从简单的造型与制作，到追求舒适、美观和华丽，中国床榻形制的演变，反映的是千年文化风俗的流传。

深圳博物馆藏床榻种类较丰富且颇具规模，主要来自民间征集和社会捐赠，如 20 世纪 90 年代到本世纪初，陆续从梅州兴宁等地区征集入藏了 20 多张床及大量床楣、门围等构件；2019 年 12 月，接收市民捐赠的 34 张床榻。从形制结构上看，主要有罗汉床、贵妃榻、架子床、拔步床四种。

1. 罗汉床

罗汉床是一种坐卧两用的家具，由汉代的榻逐渐演变而来，经过五代和宋元时期的发展，形体由小变大，成为可供数人同坐的大榻，后来人们又在榻面上加了围板，而成为罗汉床。[1]罗汉床形制有大小之别，通常大的称“床”，一般安放在寝室供卧之用；小的曰“榻”，一般设在客厅用以待客。

深圳博物馆藏罗汉床制作讲究，或镶嵌云石，或刻诗文，或描金漆绘，或雕刻各种繁复图案。

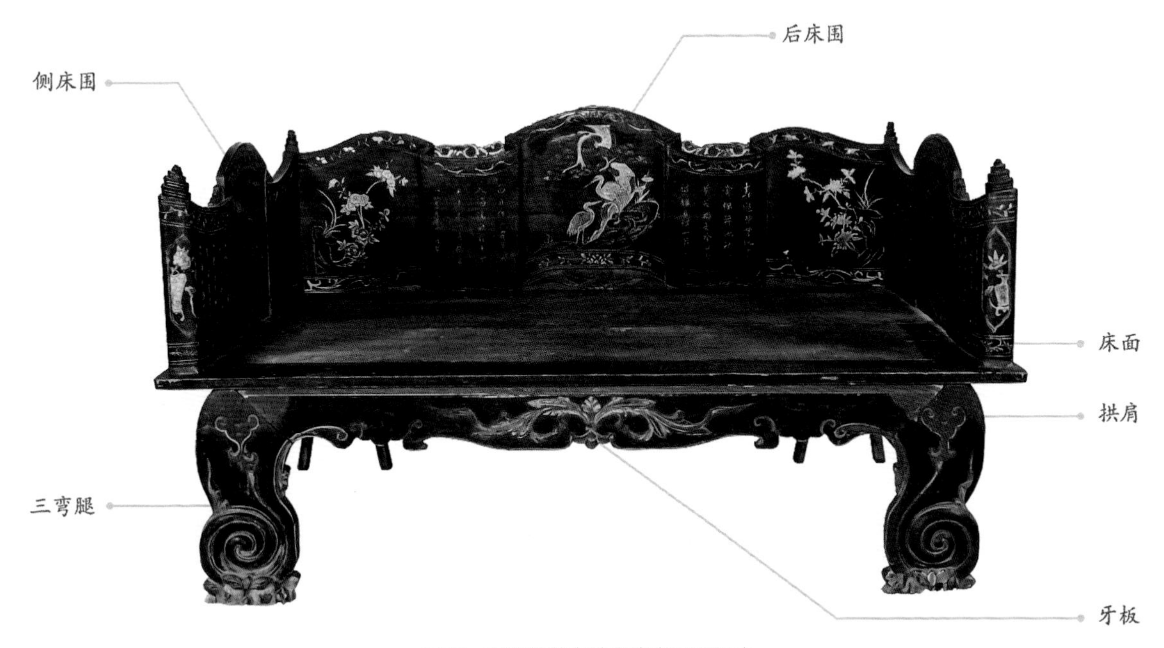

民国 · 黑漆刻花鸟诗文卷书围罗汉床

① 张福昌：《中国民俗家具》，浙江摄影出版社，2005 年，第 66 页。

黑漆描金彩绘诗画纹书卷围罗汉床

民国

长 205 厘米，宽 142 厘米，高 104 厘米

张之先捐赠

罗汉床前设脚踏，后以条凳支撑。床身通体髹黑漆，间以红、绿、金漆，富贵华丽。三面床围书卷式，造型似连绵的卷轴，犹如一幅流动的长卷，蜿蜒舒卷，起伏叠错。画面内容丰富，描金漆绘人物、山水、花鸟及诗文等，从中可以窥见时人的闲情雅趣和精神追求。

一

后床围

其形也，翩若惊（鸿），
婉若游龙。
荣曜秋菊，华茂春松。
髣髴兮若轻云之蔽月，
飘飖兮若迴风之流雪。
□□中秋节写于适乐处
摹尧周思唐
（魏·曹植《洛神赋》）

琴书诗画，
达士以之养性灵，
而庸夫徒赏其迹象；
山川云物，
高人以之助学识，
而俗子徒玩其精□。
节录。
闲谈即书以应
伟□以其□
（明·洪应明《菜根谭》）

左侧床围

秋来何处最消魂，
残照西风白下门。
他日差池春燕影，
只今憔悴晚烟痕。
节诗以为。
鲁愚子题

（清·王士禛
《秋柳四首·其一》）

右侧床围

桃叶既难招，
踏遍江头只絮飘。
骚人那管闲莺燕，
今朝春在秦淮第几桥。
即题以应。
白香山主人书

2. 贵妃榻

贵妃榻，又称美人榻、小姐榻、贵妃椅，是古典家具中较为特殊的一种。榻面一般较狭小，可坐可卧，通常作为闺房陈设家具，供大家闺秀、贵族小姐小憩之用。

深圳博物馆藏贵妃榻制作精致，雕刻装饰较多，大多镶嵌云石背板，为民国时期广作风格的酸枝木家具。广式贵妃榻的造型吸取了西方长椅的形式，坐的功能强于卧的功能，后围板仿照长椅背，其上镶有圆形云石，两侧的扶手改成榻枕。

民国 · 酸枝雕花果纹贵妃榻

民国 · 酸枝嵌云石雕三狮推球葡萄纹贵妃榻

3. 架子床

架子床是有柱有的顶床的统称，因床上有顶架，故名“架子床”。最基本的式样是三面设围，四角立柱，上承床顶，顶下周匝往往有挂檐，或称横楣板。[1]

深圳博物馆收藏的架子床主要来自广东梅州、兴宁、潮州及福建、浙江、安徽等地，以四柱、六柱为主，式样颇多，结构精巧，装饰精美，从中可以看出不同地区架子床的不同装饰风格。这类装饰华美的架子床，在南方不少地方俗称“雕花床”。

清·朱金木雕人物故事纹架子床
（张之先捐赠）

① 王世襄著，袁荃猷制图：《明式家具研究》，生活·读书·新知三联书店，2007 年，第 158 页。

朱金木雕花卉杂宝纹架子床

清

长 204 厘米，宽 135 厘米，高 205 厘米

张之先捐赠

床通体朱金通雕吉祥图案，并以不间断的回纹进行分隔和连接，使整体呈现出古朴、雅致、灵动、喜庆的视觉效果。床楣及门围主图案为瓶花纹，回纹曲折迂回，从左至右，自上向下，如藤蔓缠绕连接各式各样的吉祥图案，有梅、兰、菊、松、莲、桃、牡丹、葡萄、凤凰、狮子、玉书、古画、瓶花、盆景、如意、祥云等，琳琅满目。

三面床围以短材攒接成长方形、中字形、十字海棠纹图案，使之呈现出简洁雅致的韵味；上端横枨之间嵌“吉祥”“如意”“天长地久”海棠纹卡子花。床梃之下束腰处通雕花鸟、鱼虾等纹饰，牙板通雕凤凰牡丹、喜鹊梅花纹，床腿朱漆贴金莲花瓣如意云纹，浮雕二童子折桃枝，具有避邪呈祥寓意。

床楣

床楣，也写作“床眉”，有的地方称“挂檐”“横楣板”，是指架子床顶下周匝部分，常用矮柱分隔成若干单元，然后嵌装各式绦环板。这是床的重点装饰部位。也有的床楣与门围上下连成一体做统一的装饰，称之“床罩”。在广东梅州、潮州等地，床楣通常配有帐眉。

清晚期 · 彩绘描金雕花鸟纹床楣
（广东中国客家博物馆藏）

民国 · 紫粉地织绣凤凰牡丹鸳鸯纹帐眉
（广东中国客家博物馆藏）

金漆通雕开光鹤鹿同春图床楣

民国

高 101 厘米，宽 188 厘米

床楣为双层通雕，以古钱纹和海棠纹为地，上部嵌多块花鸟纹花板，下部主图案为海棠形开光鹤鹿同春图。民间常用鹤鹿组合加瑞兽喜鹊组合，代表“福禄寿喜”。

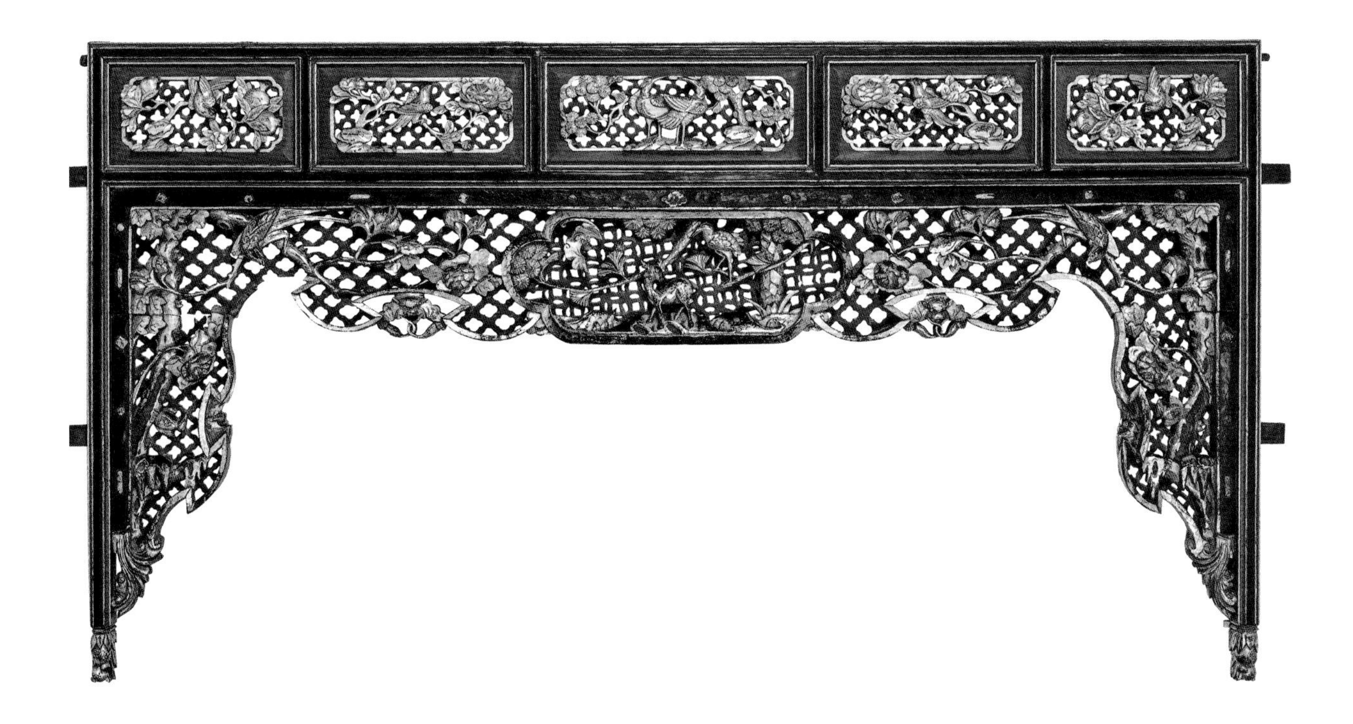

金漆通雕开光团龙花鸟图床楣

民国

高 114 厘米，宽 195 厘米

床楣以通雕九曲篆字纹、钱纹、龟背纹为地，上层居中雕龙盘于圈内，构成圆形的纹样，称为“团龙”。这是古代传统纹样龙纹的一种表现形式，是权势、高贵、尊荣的象征，有攘除灾难、带来吉祥的寓意。左右则饰以梅、竹，俗称梅竹先春，意指冬去春来。

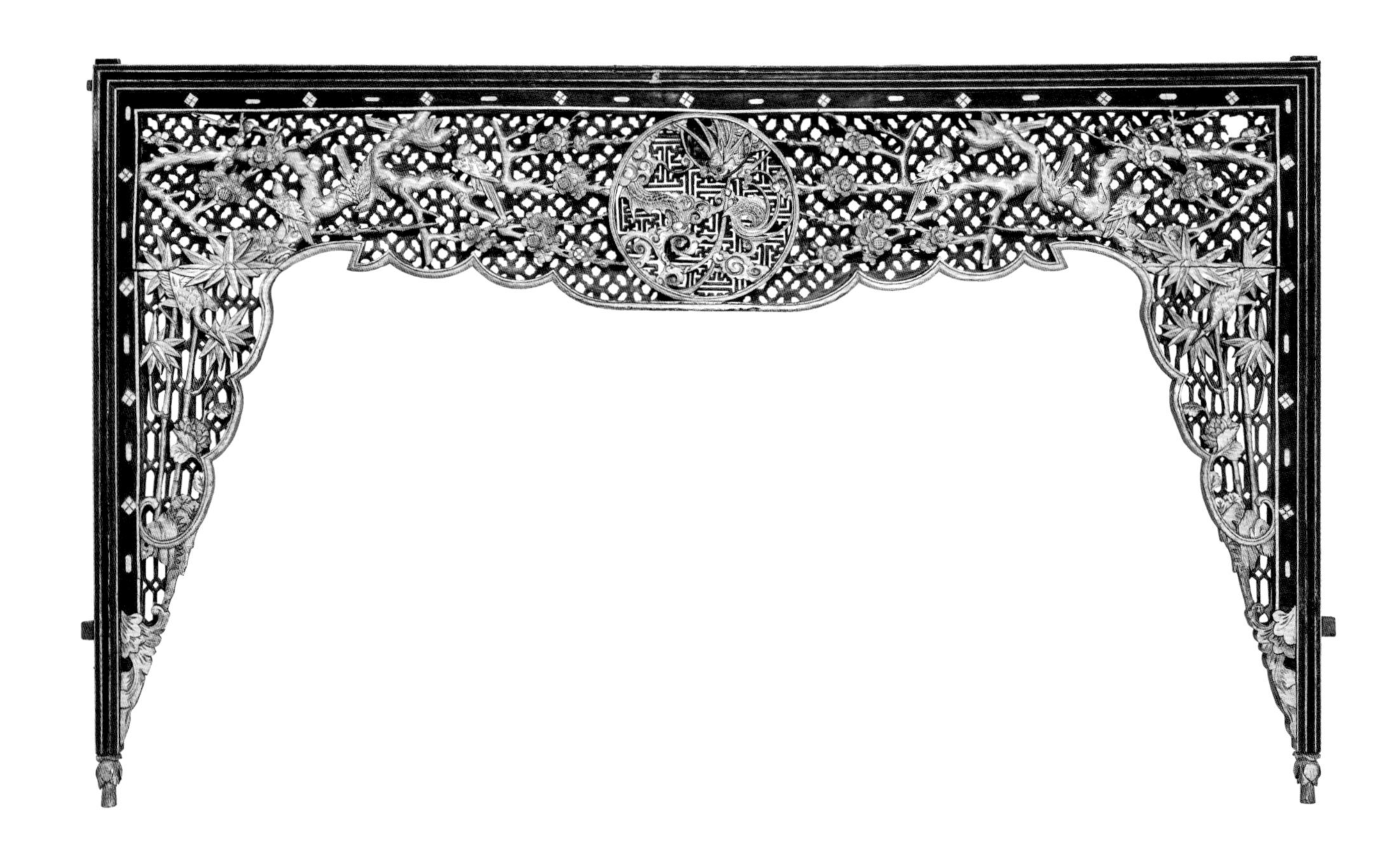

黑漆彩绘山水花鸟纹床围

民国

高 47.5 厘米，宽 182 厘米

架子床后床围，绘山水、梅花、兰花、竹报平安、杨柳飞燕、二甲传胪、双鱼水藻等。造型古雅别致，题材寓意吉祥。

二甲传胪

金漆浮雕亭院人物图门围子

清

高 62 厘米，宽 37 厘米

架子床门围子，整体髹红漆，中间开光金漆浮雕亭院人物图，有老翁拄杖过桥、童子挥手告别等场景，上立圆雕狮子戏球。

金漆浮雕士宦交游图门围子

清

高 58 厘米，宽 37 厘米

门围子金漆浮雕士宦交游图，有弈棋、读书、赏画，上立圆雕狮子戏球。

4. 拔步床

拔步床是中国特有的家具，其造型独特、体量庞大、结构复杂，主要流行于明清时期南方地区。明代《鲁班经》上称之为“大床”。后人又称“八步床”“踏板床”。江浙一带称“千工床”，因其用料多、工时长、工艺精、装饰奢华而得名。

明 ·《鲁班经》中的插图“大床”

民国 · 花梨木嵌骨人物故事纹拔步床

（张之先捐赠）

从结构上看，拔步床由前后两部分组成。前部称为拔步，又叫踏步、踏板，上设架如屋，有门、飘檐、围屏等，旧时可放置马桶、小橱、洗脸架等；后部是一张架子床，为安寝卧睡之所。这与中国古代建筑的“前堂后寝”有着相同的理念架构，从中可以窥见中国古代建筑技术对拔步床制作的影响。

清 · 朱金木雕人物故事纹拔步床
（张之先捐赠）

【第一部分】

华榻引梦

卧轻榻之闲适，享高枕之无忧；感床帐之轻逸，体拔步之幽密；可以镶石、骨，嵌料珠、玻璃，可以雕神、人，绘花鸟、瑞兽。无丝竹之乱耳，无案牍之劳形，身安心安，身悦心悦，可谓吾身安处即梦乡矣。

一、卧榻身轻

从原始半坡遗址的“土台”到明清江南的拔步，人们对于床榻的基本需求是不变的，即舒适地躺卧其上，享受一段最放松闲适的时光。为了满足人们的舒适，床榻从最初的矮台逐渐变成高足的床帐，从泥制地面转为木制床板、藤制床屉，不仅床榻发生演变，与之配套的枕也不断变化着。

镶云石雕葡萄纹罗汉床

民国

长 198 厘米，通高 153 厘米

床以葡萄、竹叶、竹节等做装饰元素，配以云石镶嵌，整体显得纤丽儒雅。此张罗汉床床面较宽，安置于书房或客厅之内，既可做待客安坐之处，也可为自身小憩之所。

高枕无忧

“枕，卧所以荐首者。”作为人们重要的卧具，历史上出现过各种材质的枕头。在古人生活中，枕头却不仅仅只是一种睡眠工具。从民间地方的乡土浓郁枕，到镶金饰玉的锦绣华丽枕；从“同床共枕”到“长枕大衾”，都有着数不清道不尽的人文景观。

战国 · 竹木枕
（荆州市博物馆藏）

汉 · 黄褐绢地“长寿绣”枕头
（湖南博物院藏）

清 · 黄缎绣葫芦万字百子枕
（故宫博物院藏）

民国 · 枫溪窑青花彩绘花卉纹枕
（广东中国客家博物馆藏）

宋 · 佚名《槐荫消夏图》
（故宫博物院藏）

白地黑褐彩双雁图虎形枕

金

长 36 厘米，宽 16.5 厘米，高 10.5 厘米

瓷枕自隋出现，经唐代逐渐发展，至宋时已成为较为普遍的日用器，明以后则走向衰落。瓷枕触感冰凉，是夏季消暑的佳品，此外瓷枕的硬度与高度往往有利于颈椎的放松。此瓷枕以虎为形，枕面上绘双雁图，寓意夫妻琴瑟和谐。

山西窑白地黑花孩儿枕

金

长 41 厘米，宽 16 厘米，高 15 厘米

余构禄捐赠

瓷枕是夏日酷暑时，凉榻上的枕头。宋人喜爱孩儿枕，尤其以磁州窑生产最多。此瓷枕以写实手法刻塑一童子卧于榻上，以童子背为枕面。

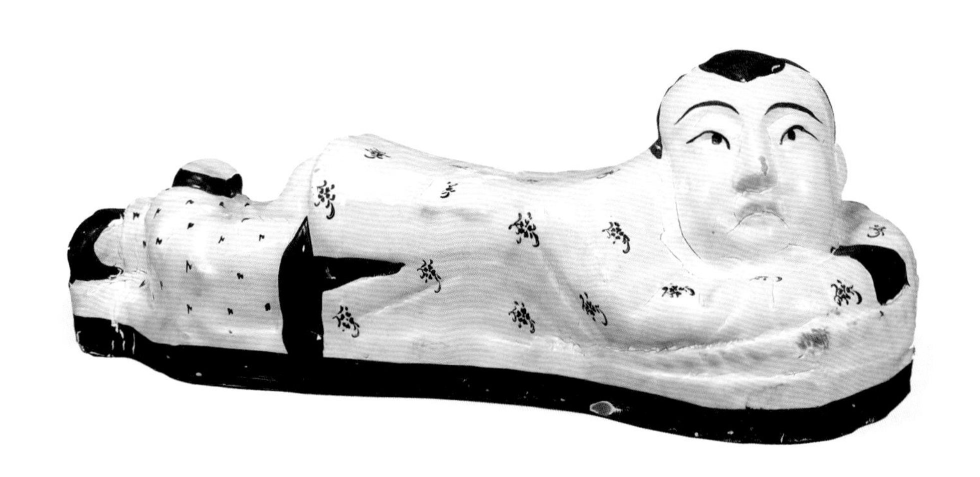

青花开光双狮戏球纹瓷枕

清

长 14.7 厘米，宽 12.6 厘米，高 6.5 厘米

瓷枕为方形，枕面以冰梅纹为底，四面开光内均为双狮戏球的纹样。双狮戏球为传统的吉祥纹样，寓意驱邪祈福、子孙繁盛、生生不息。

“梅县广安祥自造”漆皮枕

民国

长 24.2 厘米，宽 10 厘米，高 8.5 厘米

竹枕

民国

长 123 厘米，宽 13 厘米，高 18.2 厘米

箱式漆皮枕

民国

长 58 厘米，宽 14.3 厘米，高 13.8 厘米

枕上着铜扣活锁，内可装珠宝首饰和银票等。将枕做成箱式，既可当钱箱，又可作为枕头，实用而安全。

二、围合安寝

中国传统家具向高足发展的同时，对于眠卧之时安全与隐私的保护也逐渐发展起来，床榻从形制上变得更为复杂，增加了床围、门围、床楣、床顶、床里柜、帐幔等构件及附属用品，围合出私密、安静、安全的空间。

镶云石雕竹叶葡萄纹床围

民国

高 36.5 厘米，宽 126.5 厘米

罗汉床之侧床围。罗汉床的围子或为独板，或采攒斗，或嵌石板。文石装饰家具最受文人士大夫们青睐，明清时期各类家具亦都有用文石作装饰，其中以大理石应用最普遍。

彩绘山水花鸟纹床围

民国

高 46 厘米，宽 180 厘米

架子床之后床围，以黑漆为底，彩绘山水、花鸟、瓶花博古等图案。花鸟为喜鹊和梅花、白头翁和菊花的传统纹饰组合，瓶花博古则用灵芝、花瓶、橘子等纹样构筑出平安、如意、吉祥的美好愿景。

“卍”字纹床围

民国

高 76.2 厘米，宽 116 厘米

张之先捐赠

床围以短材攒接成“卍”字纹图案，其间嵌花叶纹卡子花，整齐美观。

朱金通雕花卉凤鸟纹床罩

清

高 179 厘米，宽 216 厘米

床楣与左右门围连成一体形成圆形床罩，民间称此为月亮门、月洞门。床罩以“卍”字纹为地，居中雕凤穿牡丹及“鸾凤相和”匾额；左右则对称雕凤栖梧桐，梧桐叶向上生长，凤凰立于其中，公鸡成对，寓意富贵大吉。

部分地区床里柜常见样式

样式	位置	图片	备注
低案式	置于床铺面之上，贴靠后床围		四川大邑一带，当地称这类架子床为“凉床”
搁架带屉式	架于床柱中上部的横枨上		广东梅州客家风格，深圳博物馆藏
双层搁架带屉式	垂直于左右侧床围之上		福建风格，深圳博物馆藏
搁架式（两端带屉）	架于左右侧床围上端横枨之上		江浙一带风格，深圳博物馆藏

样式	位置	图片	备注
搁架带垂花柱式	架于左右侧床围之间		福建风格， 泉州市博物馆藏
柜格式	架于左右侧床围之上		龙岩市博物馆藏
一体式	贴床铺面里侧，接围屏处		浙江台州地区风格， 深圳大学李瑞生软硬艺术 创作室藏

黑漆彩绘花卉纹床里柜

民国

长 191 厘米，宽 27.1 厘米，高 20 厘米

搁架式，共有五个抽屉，屉面彩绘芙蓉、水仙、梅花，并以梅花为中心呈左右对称分布。

朱金木雕花卉纹、黑漆描金花鸟纹床里柜

民国

长 193 厘米，宽 37.2 厘米，高 62.3 厘米

张之先捐赠

柜格与隔架组合式，双层。上部柜体设六扇开合式柜门，居中两扇雕花卉、博古、竹节纹，其余黑漆描金凤凰牡丹、松鹤、锦鸡蝴蝶、孔雀竹枝，寓意吉祥。下部两端以小抽屉为承托。

黑漆“富贵长春”“福寿如意”纹床里柜

民国

长 200 厘米，款 24.5 厘米，高 31 厘米

床里柜整体髹黑漆，抽屉面居中书“如意福寿”“仁义自成”，左右对称书“富贵长春”。

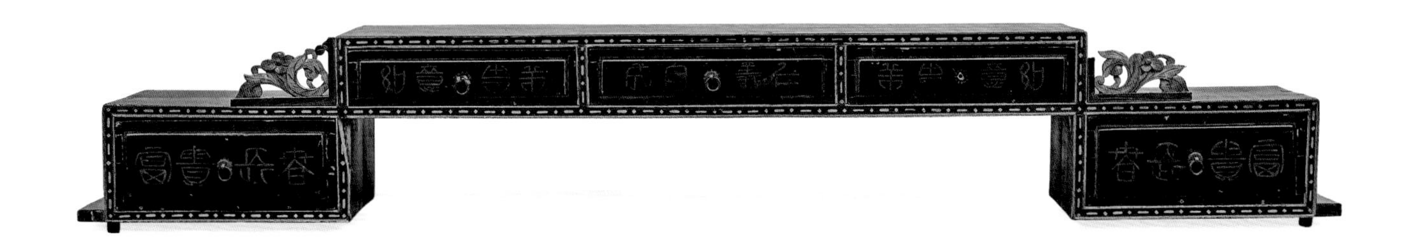

床顶

架子床、拔步床一般顶上加盖，是为“床顶”，通常卯接立柱，起固定作用。也有更简易者，直接把木板平铺在床顶架之上，不做卯接。床顶有镂空形式，或以横直材攒边后不装板，或采用攒斗的方式形成图案，称之“床顶架”；也有以木板封严以遮挡灰尘，称之“床顶板”（民间俗称“承尘”）。床顶看面大多为素面，亦有描漆彩绘者。

民国 · 花梨骨木镶嵌人物故事花鸟纹拔步床床顶架
（深圳博物馆藏）

金漆通雕凤鸟纹床顶架
（安徽三河民俗博物馆藏）

浙东婚床床顶板[①]

① 包媛迪：《清代浙东婚床研究》，清华大学，2013 年 5 月硕士论文。

红漆“囍”字纹床顶架

民国

长 195.5 厘米，宽 152 厘米

张之先捐赠

架内以短材攒接“囍”字纹、几何图案组成有规律的纹饰。民间在结婚时常用“囍”字，以示男女双庆、双喜临门、喜上加喜，具有如意吉祥、新婚美满的寓意。

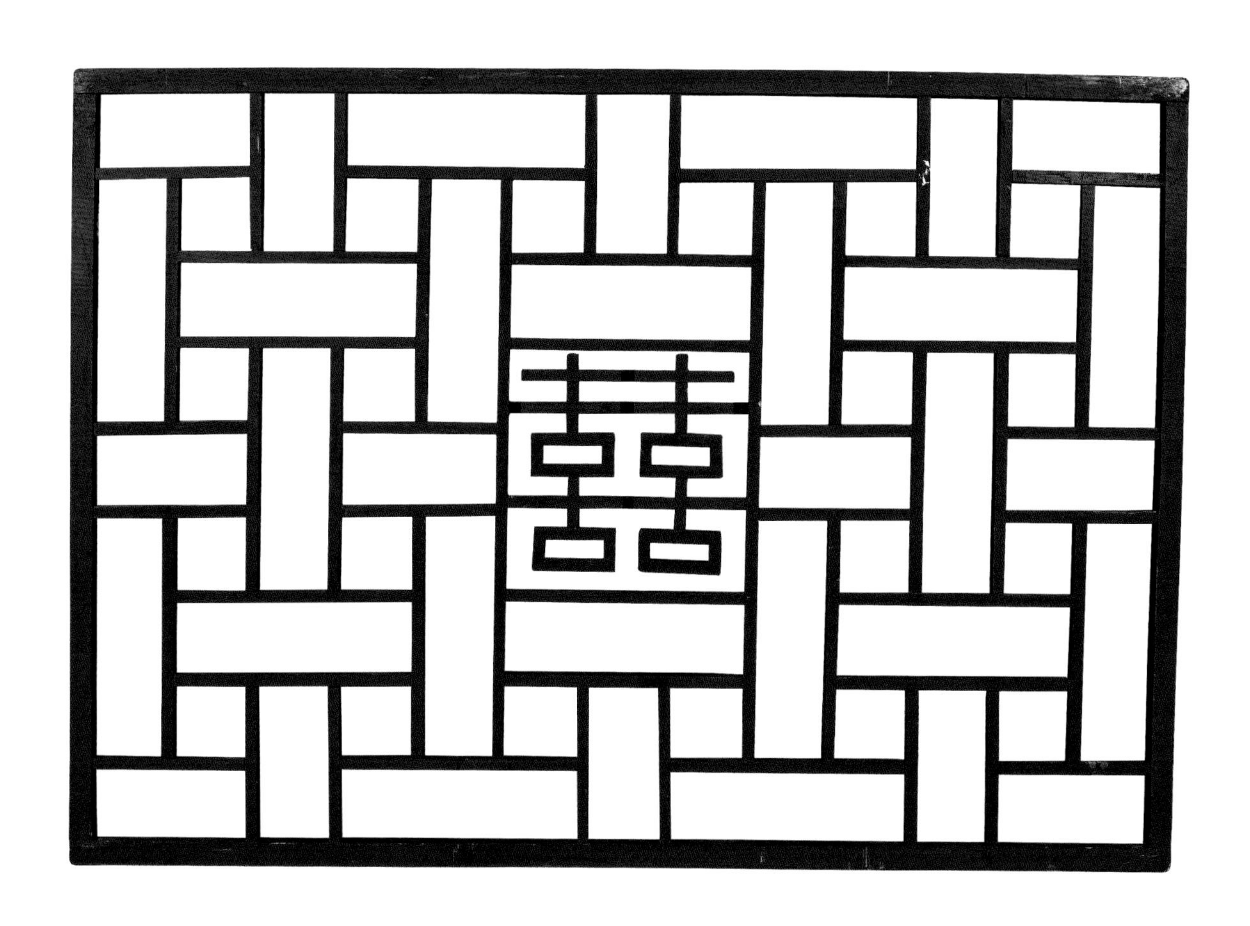

彩绘水禽莲花纹床顶板

民国

长 197 厘米，宽 135 厘米

张之先捐赠

板心彩绘水禽莲花纹，画心之外以黑漆、绿漆形成多个长方形边框。

床帐

明清时期，架子床的设计使得床的封闭性更加明确。当时的一些文学作品中有大量关于床帐的描述，如“销金帐”“青纱帐”“藕荷色花帐”“大红罗圈金帐幔”……帐幔为架子床的封闭性起到了极为重要的辅助作用。

架子床一般冬季挂夹帐取暖，夏季挂纱帐防蚊虫，婚床则挂红帐，增添喜庆气氛。日间精巧的帐钩束挂起帷帐，其又变为一个具有一定开放性的空间。

明·《三才图会·器用》描绘的床帐

明·杨尔曾编撰《新镌仙媛纪事》插图中的床帐、帐钩、飘带
（明万历三十年钱塘杨氏草玄居自刻本）

梅州黄遵宪故居卧室

故宫养心殿东暖阁卧室

“福寿”纹铜帐钩（一对）

民国

通高 26.8 厘米，钩宽 12.1 厘米

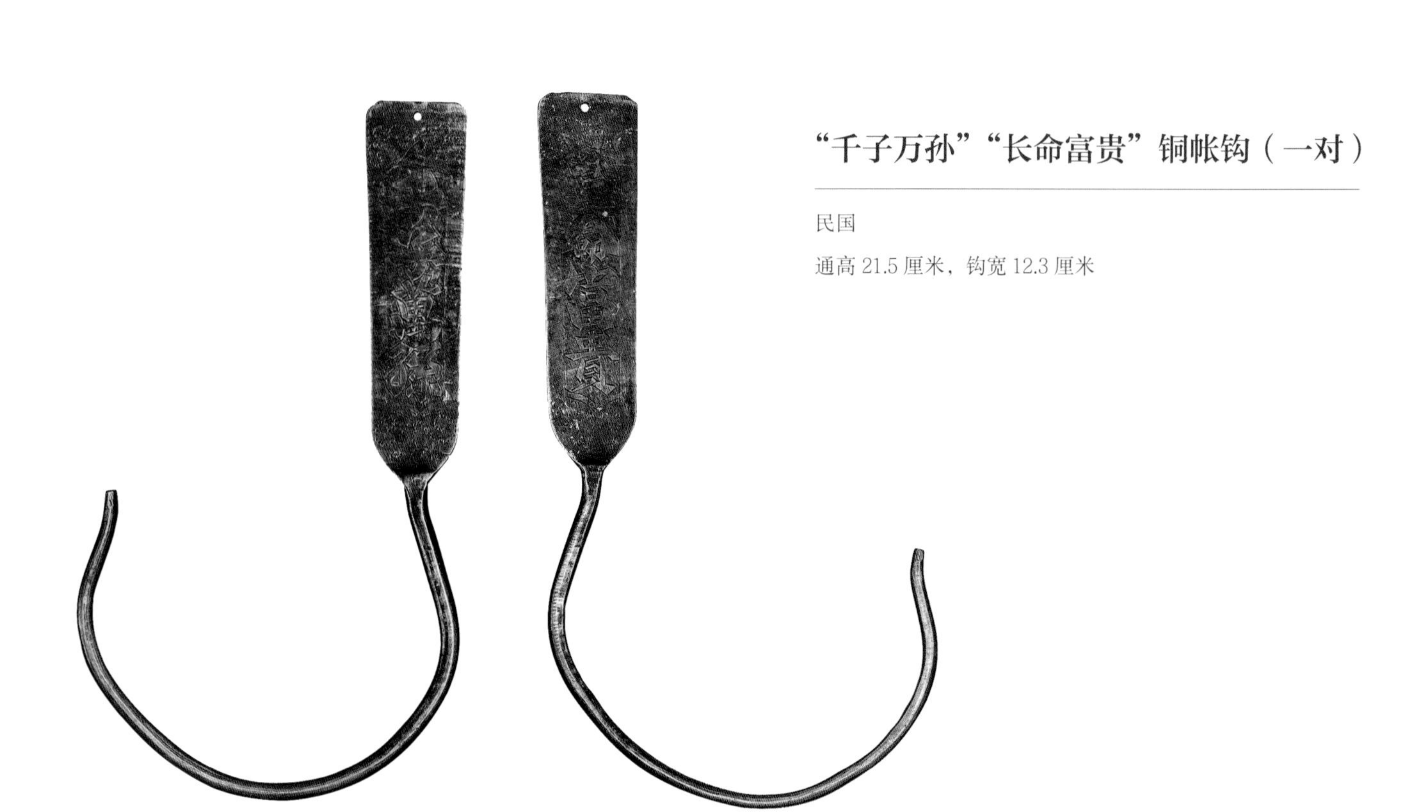

“千子万孙”“长命富贵”铜帐钩（一对）

民国

通高 21.5 厘米，钩宽 12.3 厘米

神仙葫芦铜帐钩（一对）

清

高 34 厘米，宽 17 厘米

尹文藏

飘带（一组）

清末民国

1：通高 64 厘米，通宽 20 厘米

2：通高 75 厘米，通宽 19 厘米

3：通高 85 厘米，通宽 16 厘米

4：通高 82 厘米，通宽 17 厘米

尹文藏

飘带安放在床门上方的绣围两侧，上绣莲花、金鱼、蝴蝶、鱼化龙、凤凰牡丹等纹饰，绣“卍”字、“百年歌好合，五世卜齐昌”等吉语，具有吉祥寓意与装饰作用。

1

2

3　　　　4

朱金木雕人物故事纹拔步床

清

面宽 216 厘米，进深 290 厘米，通高 230 厘米

张之先捐赠

在中国传统床具中，私密性最强的莫过于拔步床。其形制高大，工艺精湛，功能完善，有如“房中之房”，可藏风聚气。

拔步床结构复杂，前廊后床，以围屏、床顶板、门围、门等围合成屋。围屏下部皆封板，上部为景窗，设插板，并以插销来固定，便于采光与通风，设计巧妙。前廊门柱之上设撑拱，上面安装三重飘檐，仿建筑之样式，层叠立体。

此床整体装饰精美，采用朱金木雕、描金漆绘、镶料器、嵌螺钿、髹蚝漆等多种工艺，富丽堂皇。前廊正面最为重工，飘檐浮雕山水、花鸟、博古、婴戏、五子夺魁等纹饰，并镶蓝色料器，呈现出宝石效果；门围朱金浮雕双马、双鹿以及习武、《彩楼记》等人物故事；门下部裙板描金漆绘《西厢记》故事，中部为透窗设计，以梅竹冰裂纹作底，居中主图案开光双层通雕，以卍字纹为地，雕花鸟、石榴、双羊、金蟾莲花等纹饰。后床门围主体雕山水、花鸟、人物，辅以螺钿、蚝漆；横楣居中挂“麟趾呈祥”小床匾，垂花罩金漆通雕双凤牡丹；床围屏下部裙板彩绘花鸟、人物等，上部窗框嵌如意云纹卡子花。

拔步床各部分名称

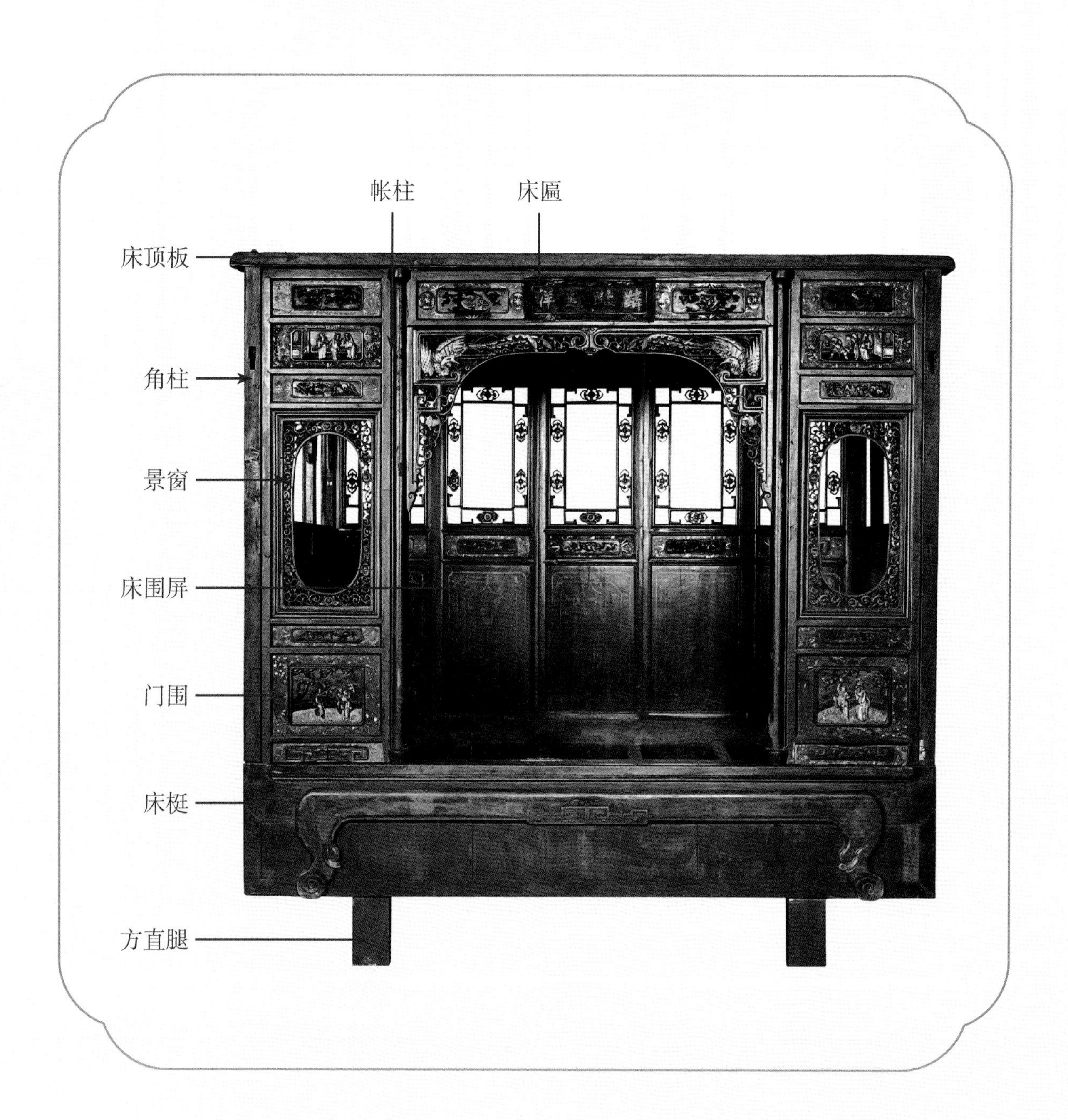

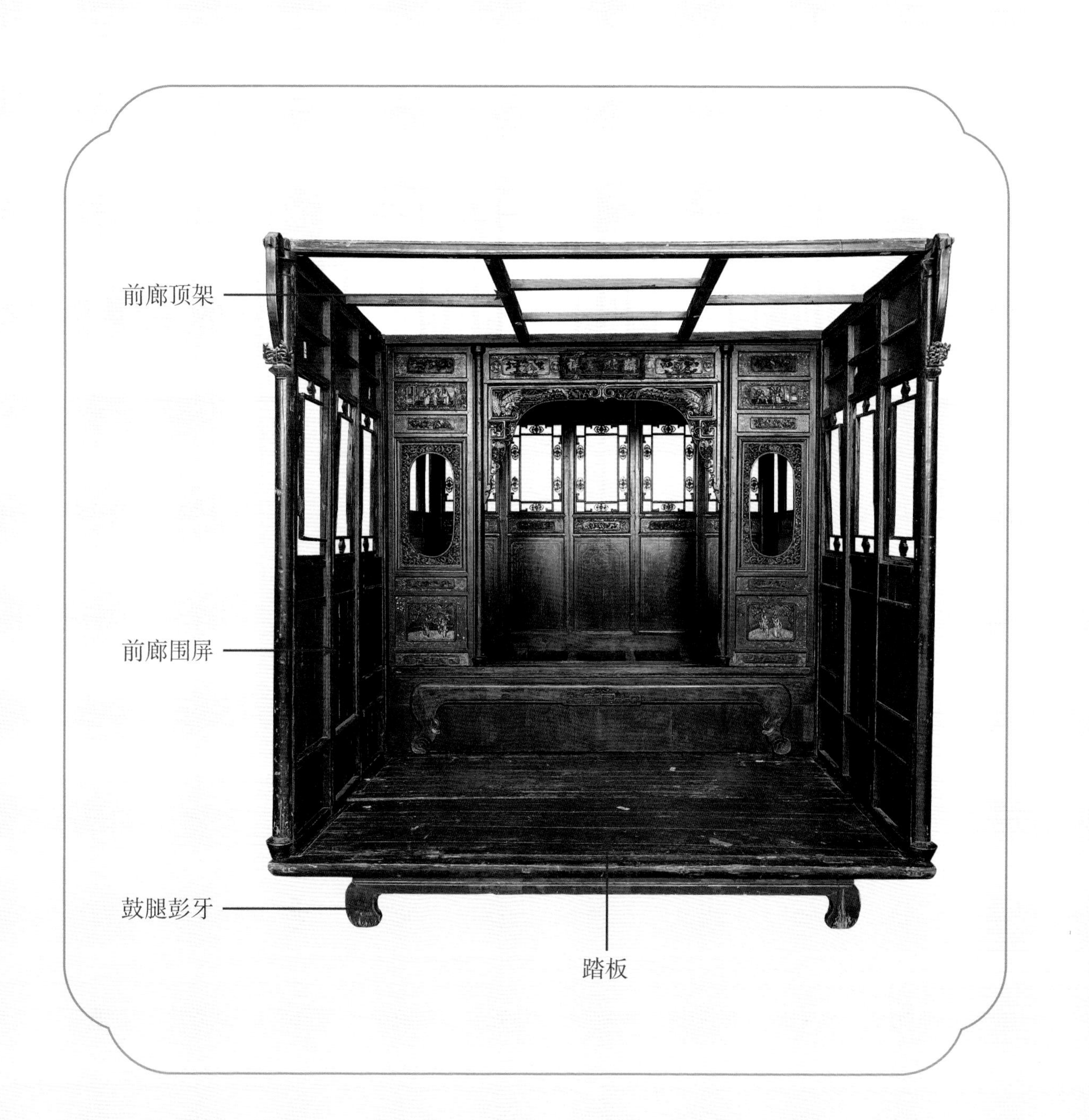
前廊顶架
前廊围屏
鼓腿彭牙
踏板

飘檐
撑拱
隔心
裙板

《西厢记》“乘夜逾墙”

三、匠心神工

床榻虽深藏内室，不轻易为外人所见，但人们对于它的装饰并未懈怠，甚至不惜重工。其装饰工艺繁多，最常见的有攒斗、木雕、镶嵌、漆绘等，多种工艺的结合，创造出了雕绘满床、极尽繁缛的视觉效果，力图营造出轻松、安静、平和的氛围，为坐卧之人能够得到最佳的睡眠状态做足铺垫。

攒斗

攒接是用纵横斜直的短材，借榫卯把它们衔接交搭起来，组成各种几何图案。斗簇是指用锼镂的花片，用栽销把它们斗拢成图案花纹，或用较大的木片锼出团聚的花纹。床上装饰性很强的镂空图案，或二择其一，或二者兼用。

清·朱漆几何纹“天长地久”纹床围
（深圳博物馆藏）

木雕

木雕手法有沉雕、浮雕、通雕、圆雕和线刻等多种，其中以浮雕和通雕最为常见。

浮雕是在平面上雕出凸起的形象，一般分为浅浮、中浮、高浮。浅浮接近于绘画，中浮、高浮接近于雕塑。通雕又称镂通雕、透雕，结合了镂空与圆雕的技法及优势，整体呈现复杂多变、富有动感的视觉效果。在床榻上应用的通雕工艺大多为单层，少量会有多层。

清·金漆通雕古诗诗意图床楣
（深圳博物馆藏）

镶嵌

镶嵌装饰工艺是将与床体不同颜色或材质的物体，直接或者制成特定形状图案嵌在床榻装饰面上的一种技法。这些物品有书画、照片、骨牙、螺钿、玻璃、云石等。这些装饰极大地丰富了床榻的色彩，增强了床榻整体的明度和层次感。

民国 · 嵌骨卷草纹、嵌花竹图花板
（深圳博物馆藏）

漆绘

床榻的髹漆也是一种装饰手法，不同色漆给予床榻更为丰富的视觉感受。而使用彩漆或油色将装饰纹样描绘于床体之上，则更增添了床榻的美感，使床榻上的装饰纹样更为柔和自然，形象更加逼真。

民国 · 黑漆彩绘花鸟纹床围
（深圳博物馆藏）

朱金木雕人物故事纹架子床

民国

长 202 厘米，宽 101 厘米，通高 197 厘米

张之先捐赠

床身髹红、绿、黑三色漆，采用浮雕、通雕、镶嵌等多种工艺，造型优雅，繁缛精美。

月洞形床罩以弧形、圆形、回纹对各组图案进行分隔，分别雕刻多幅花鸟、人物故事图，有《郭子仪祝寿》《杨宗保大战汪文、汪虎》等戏剧故事题材，以及麻姑、寿星等寓意长寿的神仙题材；弧形门洞边沿雕刻松鼠葡萄；门围子为抱鼓石式，柱头圆雕太师少师、狮子滚绣球。

三面床围由几何纹栏杆组合而成，并饰有金漆通雕多宝纹卡子花。床腿和床沿也用通雕和浮雕装饰，刻画《白兔记》《井边会》等戏剧故事及花鸟瑞兽图。

郭子仪祝寿

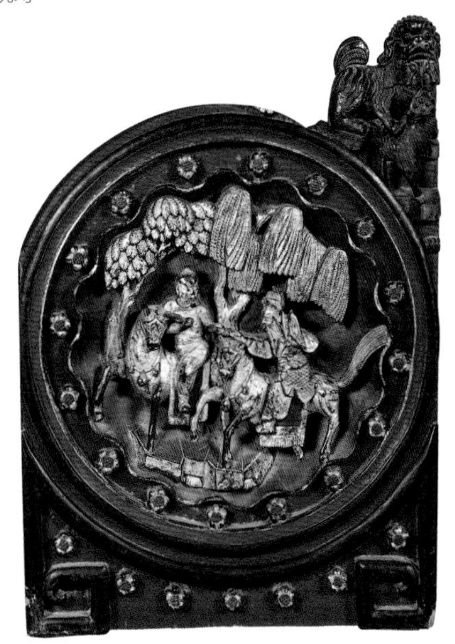

杨宗保大战汪文、汪虎

黑漆描金瓶花纹床楣

民国

高 51 厘米，宽 183 厘米

床楣上部嵌黑漆描金桃、瓶花、石榴等纹饰圆形花板，花板之下背板彩绘宝剑、荷花、葫芦、渔鼓、花篮、扇子、云板、长笛等暗八仙纹及戟、如意纹，有祝颂长寿和寄寓吉祥之意。下部嵌金漆通雕博古纹卡子花和花卉纹角花。

金漆木雕花鸟瑞兽纹床楣

民国

高 53 厘米，宽 207 厘米

床楣整体以红黑二色漆为主，上部浮雕花鸟、松鹿、梅鹊，寓意福禄寿喜、喜上眉梢；下部采用“一根藤”工艺左右延伸，并嵌花果、鸟雀、蟾蜍等卡子花，垂花柱则浮雕花鸟纹。

一根藤

“一根藤”制作技艺始于明末清初，是浙江民间的传统木作技艺。宁波艺匠取数以百计小木段，长的数寸，短的仅半寸，每一小木段前端制成榫头，后端尾部起槽作卯，凹凸相接组成曲尺形，或大或小，任左任右，弯弯曲曲，构成各种图案。有时会与卡子花（宁波当地特称“吉子”）相配，卡子花嵌在中间，一个为藤，一个为果，藤长果硕，象征子孙繁荣昌盛。其每个榫卯衔接要求紧密，尺寸特别精确。“一根藤”工艺常用于家具和建筑中的门窗装饰。

清末民初 · 朱金木雕千工床的门围构件
（宁海十里红妆博物馆藏）

苏州园林中的月洞门

朱漆木雕人物故事纹床楣构件

清

宽 151 厘米，高 26 厘米

张之先捐赠

床楣构件采用“一根藤”工艺，居中海棠形开光通雕天宫赐福，开光之外通雕花鸟纹。左右两侧则嵌以鹤、花果等卡子花，寓意吉祥、多福、多寿。

朱漆木雕人物故事纹床楣

清

高 102.5 厘米，宽 203 厘米

张之先捐赠

床楣采用“一根藤”制作工艺，主体图案是开光浮雕人物故事，正中为半圆开光，其上浮雕“唐明皇游月宫”的故事，左右两侧则为葡萄形开光，其上浮雕婴戏图，通过榫卯相连的木条形成缠绕的藤蔓将三组人物故事联成一个整体，在藤蔓间点缀有各式卡子花。

朱金通雕卷草纹嵌花卉图毗卢帽

民国

高 36 厘米，宽 208 厘米

张之先捐赠

毗卢帽为五山型，五个分区以内嵌纸质花卉图为主装饰图案，现仅余两幅，分别为菊花、杜鹃花，两侧的花卉图上以通雕卷草纹形成如意、海棠形开光压边，居中的则由通雕卷草纹和蝙蝠纹形成寿桃形开光。书画与卷草纹的组合使得整个毗卢帽呈现出旖旎却雅致的韵味。

金漆木雕镶玻璃花鸟人物纹床楣

民国

高 46.5 厘米，宽 192 厘米

主体装饰图案是直接将书画镶嵌于床楣之上，外罩玻璃进行保护，图案以花鸟和人物故事为主，内容或表达夫妻和谐，或为一路连科、富贵吉祥等寓意的组合。

通雕瓶花卷草纹嵌花卉图毗卢帽

民国

高 33 厘米，宽 216.5 厘米

张之先捐赠

毗卢帽为矩形，五个锦窗以内嵌花卉图为主装饰图案，分别为梅花、兰花、杜鹃、水仙、桃花，其上通雕博古、瓶花、拐子龙、缠枝花卉等纹饰并形成书卷形、云朵等各式开光压边，显得雅洁并有书卷气息，而雕花不多，避免了俗气。

江浙地区将书画艺术融于传统架子床、拔步床的现象尤为突出，或雕，或绘，或镶嵌其间。其采用部位主要集中在毗卢帽、床楣和门围屏的内部，题材多为名家诗句、花鸟人物等。

金漆浮雕五子夺魁纹床楣

民国

高 148 厘米，宽 208 厘米

床楣顶部边框镶嵌有九颗蓝色料珠，将花叶间隔开来，丰富了床楣的色彩，提升了质感。居中雕五子夺魁、双狮戏球、蝙蝠花叶等图案纹饰。

彩漆金木雕人物故事瑞兽博古纹飘檐

清

高 60 厘米，宽 206.5 厘米

张之先捐赠

飘檐整体以髹饰红漆为主，但同时在不同的区域和花板上也分别有黑、白、绿等不同色彩的漆来髹饰，其中花板边框大都在漆中掺杂了蚝壳。不同的色漆和漆中的蚝壳粉使得整个飘檐的视觉感受更为丰富、多变，华丽却不显张扬。

骨木镶嵌

骨木镶嵌是宁波特有的传统手工艺，是宁波民间工艺美术与家具、建筑相结合的一种装饰形式。早在唐宋时期，根植于民间的骨木镶嵌等传统手工艺已逐渐发育为自成体系、独具风范的工艺样式。清末时，宁波已成为颇具规模的骨木镶嵌家具制作中心。木嵌用材多为硬木类的贵重木材，因其木质坚硬细密，不易变形。以骨镶嵌则更显出古拙纯朴。骨木镶嵌分高嵌、平嵌、高平混合嵌三种。清代早期家具多用高嵌和混合嵌，后期则多用平嵌。宁波骨木镶嵌技艺精良，其所嵌骨木保持多孔、多枝、多节、块小，及带棱角的特点，既易胶合，又防脱落。现存的宁波骨木镶嵌家具虽年深日久，仍旧形象完整。2008 年，宁波骨木镶嵌被列入第二批国家级非物质文化遗产保护名录。

民国 · 骨木镶嵌幢橱
（浙江省博物馆藏）

民国 · 花梨木嵌骨果盒
（浙江省博物馆藏）

花梨木嵌骨人物故事纹花板

民国

高 19 厘米，宽 83 厘米

张之先捐赠

花板采用骨木镶嵌工艺，饰有骑马、挑货、飞仙驯兽、瓶花清供等图案。

花梨木嵌骨人物故事花鸟纹拔步床

民国

面宽 224 厘米，进深 280 厘米，通高 290 厘米

张之先捐赠

床以花梨木为底板，以黄杨木、牛骨为嵌材，集镶嵌、雕刻、绘画等艺术形式于一身，聚骨木镶嵌、榫卯结构、一根藤、油漆、打磨等宁波传统小木作技艺于一体，有层次感，骨雕细腻，是宁波骨木镶嵌的精品。

前廊上设卷棚顶，相互牵引，设计巧妙。毗卢帽原应嵌有书画，现已缺失；门围上部为起弯三花板，嵌骨《水浒传》英雄故事、刘海戏金蟾等；中部为海棠形景窗，“一根藤”间嵌黄杨木雕石榴螽斯纹卡子花（宁波特称“吉子”），象征果实，寓意子孙绵绵，生生不息，也更具装饰效果；景窗下嵌“和合二仙”卡子花；下部裙板嵌骨楼台树燕、人物故事、杂宝纹等。门柱皆嵌骨云蝠纹、盘长纹、方胜纹、如意云纹、蝴蝶瓶花、刘海戏金蟾、凤凰衔牡丹、双鱼流苏玉佩等吉祥纹饰。

后半部为床体，四柱架子床，月洞门，万卷书式门围子嵌骨人物故事、浮雕双凤回盼；床梃之下为三幅花卉图花板；三面床围屏嵌骨双龙戏珠、福到眼前、寿居耄耋、蝴蝶石榴、青蛙荷花、飞鸟百花等纹饰，形成一幅幅红、黄、白且富有动感的图画，搭配巧妙。床顶架为横竖枋十字相连，再以短材攒接为海棠纹图案，整齐美观。

黄杨木雕石榴螽斯纹卡子花

嵌骨《水浒传》英雄故事

前廊卷棚顶内壁

月洞门床罩

【第二部分】

观照人生

“日有所思，夜有所梦”。床榻上所雕刻隐喻的，皆是人生幸福之梦，可观照现实人生，可窥见古人对传统世俗幸福生活的期盼和追求，涉及婚恋、事业、家庭等人生几大维度，反映了中国百姓的幸福观、伦理观、道德观、人生观。

中华民族是个古老而又充满梦想的民族，翻开浩如烟海的古代典籍，我们可以在其中找到无数的关于梦的记载，如华胥梦、庄生梦蝶、乘舟梦日、游广寒宫、梦笔生花、梦游天姥、草桥惊梦、“临川四梦”等。这是古人通过梦境述说人生故事，表达人生理想和现实追求。

明 · 汪道昆《大雅堂杂剧》插图《高唐梦》[1]

①周芜编著：《中国古代版画百图》，人民美术出版社，1982 年。

一、美满姻缘

“窈窕淑女，寤寐求之。”人生有四喜，“洞房花烛夜”为其一，可见百姓视求得佳偶、结婚嫁娶为人生大事。古人对新床的设计和制作十分看重，往往雕饰精美，寓意吉祥，寄托了对新人白头到老、美满幸福的美好祝福，隐藏着“天下有情人终成眷属”的爱情观，传递了多子多孙、广延后嗣以传家继世的传统观念。

清 · 管希宁《西厢词意》
（中国国家博物馆藏）

引子：

西厢夜梦

“元来却是梦里。且将门儿推开看，只见一天露气，满地霜华，晓星初上，残月犹明。无端燕鹊高枝上，一枕鸳鸯梦不成。”

——元·王实甫《西厢记·草桥店梦莺莺》

（明末·乌程凌氏刊朱墨套印本）

清 · 浮雕《西厢记》人物故事床门围构件“草桥惊梦”

（深圳博物馆藏）

《西厢记》故事可追溯至唐代元稹的传奇小说《莺莺传》。金代董解元以此为蓝本创作《西厢记诸宫调》，重塑人物性格，将故事走向改为“才子合当配佳人”，推动了故事主题的发展。元代王实甫重新创作，突出人性光辉和婚恋自由，讲述了书生张珙与前朝相国小姐崔莺莺两个“有情人”在侍女红娘的帮助下，冲破重重阻力终成眷属的爱情故事。

元杂剧《西厢记》一经问世，深受社会各阶层喜爱。以它为蓝本的各种地方戏曲久演不衰，传播范围甚广，可谓家喻户晓。有关《西厢记》的美术创作广见于版刻书籍、年画、瓷绘、雕刻等，比如民间结婚娶嫁时打造的婚床上会雕饰《西厢记》故事，借此祝愿新郎未来有好的前程，夫妻彼此忠贞不渝、天长地久。

浮雕《西厢记》人物故事纹门围构件

清

高 100 厘米，宽 37.5 厘米

门围构件以黑漆作底，采用圆形、十字形等多种开光，浮雕《西厢记》中草桥惊梦、月下焚香故事场景及婴戏图，并以缠枝花卉纹环绕，使画面整体更为饱满，寄托了对美好爱情、多子多福的期盼。

浮雕《西厢记》人物故事纹架子床

清

长 219 厘米，宽 193 厘米，高 218 厘米

张之先捐赠

床主体雕饰《西厢记》人物故事，分别为佛殿奇逢、月下焚香、飞虎围寺、惠明寄简、白马发兵、莺莺听琴、乘夜逾墙、月下佳期、拷问红娘、长亭送别；楣板下方牙板两端柱头雕“和合二仙”；门围中部雕仙人乘龙、骑凤出行及松鼠葡萄等纹饰。

佛殿奇逢

月下焚香

飞虎围寺

惠明寄简

白马发兵

莺莺听琴

乘夜逾墙

月下佳期

拷问红娘

长亭送别

朱金木雕人物故事纹床里柜

民国

长 190 厘米，宽 26 厘米，高 26.5 厘米

床里柜为双层搁架式，金漆通雕多幅童子游戏图，下层居中为《三国演义》刘备招亲故事。《三国演义》第五十四回“吴国太佛寺看新郎，刘皇叔洞房续佳偶”记：诸葛亮派赵云陪刘备过江招亲，并授以锦囊。吴国太到甘露寺相看刘备，见他“方面大耳，猿臂过膝”，一副天子相，甚合心意，大为喜悦，故允许将女儿孙尚香嫁给刘备。

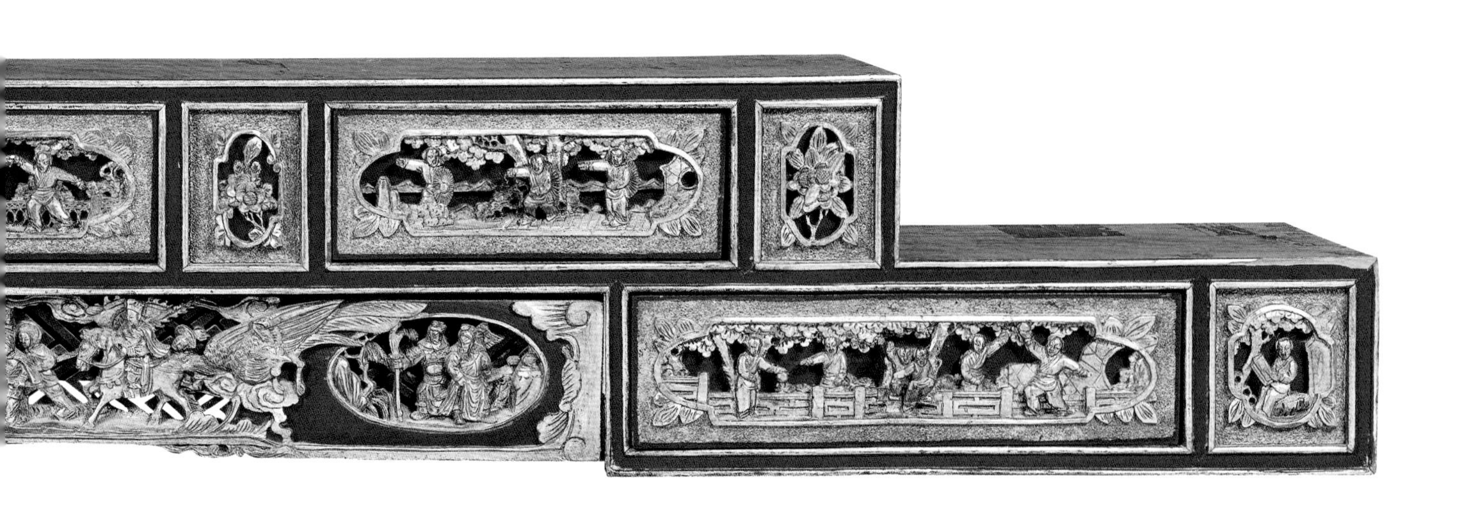

朱金木雕黑漆描金花鸟人物故事纹后床围

民国

高 83.3 厘米，宽 187 厘米

张之先捐赠

侧床围下部分黑漆描金“萧史弄玉”“刘阮入天台”等神话传说故事。“萧史弄玉”是古代神话传说中的一对神仙佳偶，后以“萧史弄玉”比喻夫妻恩爱。刘阮入天台，即刘阮传说，也叫天台二女，是流传于浙江天台山一带关于刘晨、阮肇采药遇仙、结缘成亲的神话爱情故事。后用作游仙或幽会的典故，也用来形容男子受到女子的青睐。

萧史弄玉

刘阮入天台

朱金木雕描金漆绘人物故事纹床围屏

民国

高 170 厘米，宽 140 厘米

张之先捐赠

围屏中部嵌有母女二人照片。床围屏下部描金漆绘《白蛇传》“白氏借伞赞库银”及《陈三五娘》“陈三磨镜为奴”戏曲故事。《白蛇传》讲述的是许仙、白娘子西湖相遇、借伞结缘、人蛇相恋的具有浓郁民间神话色彩的爱情故事，包括借伞、盗仙草、水漫金山、断桥、雷峰塔、祭塔等情节，表达了人们对男女自由恋爱的赞美。《陈三五娘》又名《荔镜记》，始于历史故事，后来演化为戏曲，叙述泉州书生陈三邂逅黄五娘一见钟情，为了爱情，隐瞒身份，磨镜为奴，无怨无悔，终成眷属的浪漫爱情故事。这一才子佳人故事在粤东、闽南、台湾、东南亚华人聚居地广为流传。

陈三磨镜为奴

白氏借伞赞库银

和合二仙

和合二仙又称“和合二圣”，是民间传说中掌管婚姻和合的神仙，一般认为指唐代两位高僧寒山和拾得。民间造型艺术中常见的和合二仙图案为两位老人或两个孩童，寒山常手捧一盒，拾得则持一荷，谐“和”“合”二字之音，寓同心和睦之意。

和合二仙图案流传广泛。旧时婚礼之日，人们将《和合二仙》画轴或挂于厅堂，或悬于花烛洞房之中，以图吉利，借此祝福新婚夫妇白头偕老、永结同心、和合美好。此外，这一图案常常出现在木雕、漆画、砖刻、刺绣、剪纸和木版年画上。

民国 · 通雕“和合二仙”门围子
（深圳大学李瑞生软硬艺术创作室藏）

佛山木版年画《和合二仙》

清 · 任伯年绘《和合二仙》

民国 · 通雕“和合二仙”撑拱

通雕“和合二仙”“刘海戏金蟾”门围子

民国

高 38 厘米，宽 32 厘米，厚 7 厘米

张之先捐赠

门围子左边通雕和合二仙，一仙持荷，另一仙捧盒骑鹿，有和合生财、家庭和睦、夫妻恩爱之意。右边二仙，其一为刘海戏金蟾。在民间传统思想中，刘海戏金蟾常与天官、财神、和合二仙、麒麟送子、状元及第等进行组合，寓意吉祥喜庆。

花梨木嵌骨花鸟纹花板

民国

高 34 厘米，宽 76.3 厘米

张之先捐赠

花板嵌骨牡丹、白头翁等吉祥图案，并有落款“富贵到白头”等字，取夫妻幸福白头偕老之意。“富贵白头”纹饰多同于床匾、帐帘和窗花等，为新婚常用之吉祥图案。[1]

[1] 宁波市民间文艺家协会编 :《慈溪民间文学》，1998 年，第 136 页。

金漆通雕开光瑞兽喜鹊图床楣

民国

高 81 厘米，宽 191 厘米

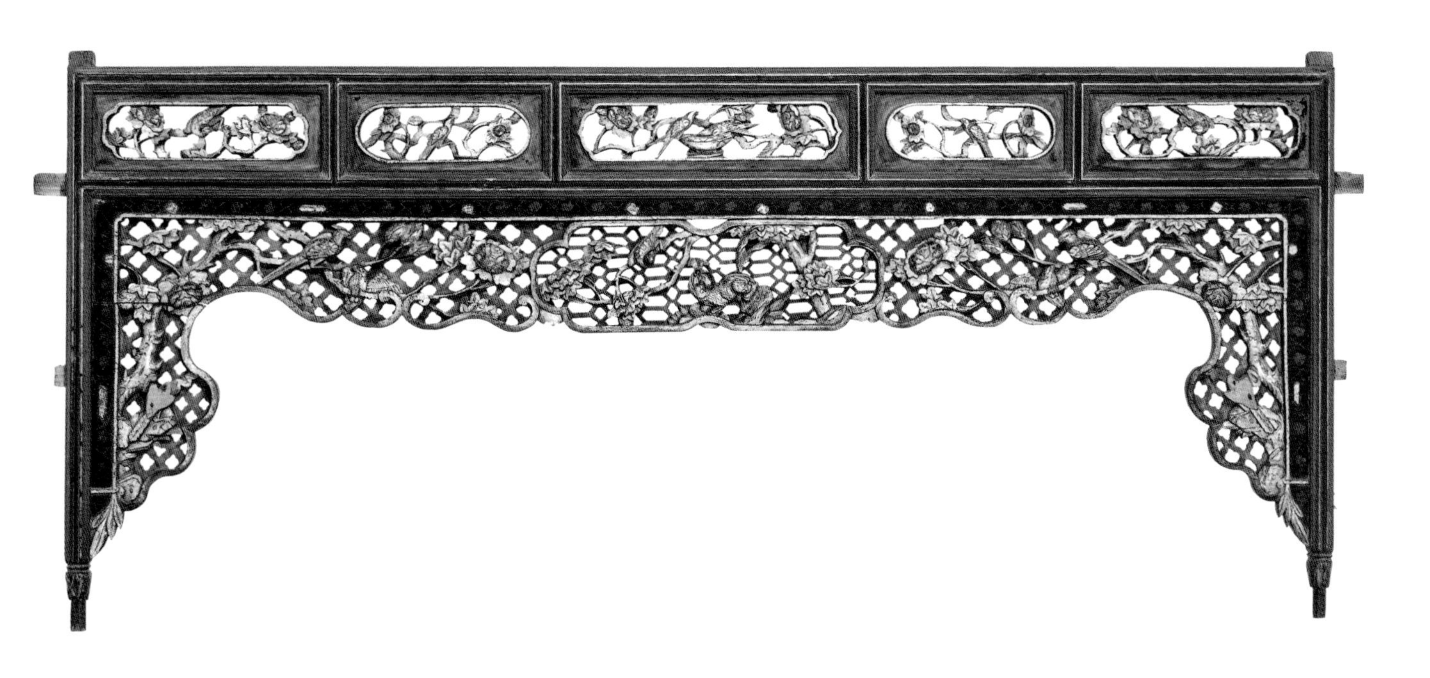

床楣为双层，下部主图案为开光瑞兽喜鹊图。广东民间常用鹤鹿组合加瑞兽喜鹊组合，代表“福禄寿喜”，寓意取其谐音，“兽”为“寿”，“喜鹊”为喜。

也有部分地区将獾与喜鹊的组合称为“欢天喜地”。“喜”即喜鹊，“獾”与“欢”同音。喜鹊在天上飞，有天运好合、报喜之鸟的吉祥寓意。獾的习性是喜欢掘地，有地气助人之意，在传统文化中还是情感坚贞的象征。两者组成“欢天喜地”，常用于祝福婚姻美满，除了用于木雕题材，还常见于玉器和瓷器。

欢天喜地图①

① 李宏震、徐洁佳著：《吉祥谱》，北京日报出版社，2023 年，第 193 页。

雕瓶花灯笼纹后床围

清

高 81.3 厘米，宽 196 厘米

张之先捐赠

床围两侧为灯笼，居中部分以盆景为核心，其上雕象征“和”的果盒，左右分别刻福、禄、寿、囍四字，并嵌有多种花果纹卡子花，具有吉祥、和合、喜庆等美好寓意。

床匾

旧时，拔步床、架子床的床楣上常常雕饰有小床匾，其上刻“夫妇齐眉”“鸾凤相和”“麟趾呈祥”“熊罴入梦”“关雎兆瑞”“五世其昌”“二妙同光”等匾文，寄托了对新婚夫妻百年好合、早生贵子等的美好祝愿。

“君子好逑”“鸾凤和鸣”床匾
（苏州同里民俗博物馆藏）

“鸾凤相和”“麟趾呈祥”床匾
（深圳博物馆藏）

金漆通雕双凤牡丹纹床楣

民国

高 34 厘米，宽 204 厘米

床楣金漆透雕双凤牡丹纹，中部有小床匾，刻“夫妇齐眉”四字并施朱漆。凤凰为传说中的“百禽之王”，凤凰美丽而高贵，是象征幸福、吉祥、平安、驱邪的瑞鸟，也是民间婚嫁中常见的题材。凤凰双飞双栖，赋予爱情和美之意。

描金漆绘花鸟人物纹床楣

民国

高 35 厘米，宽 206 厘米

张之先捐赠

床楣中部描金漆绘《喜乐图》，画面中一童子骑麒麟，后有一人举旗，上书“麟祥”，有贺人生子之意。左、右分别绘《双鹭觅食图》《鸳鸯戏水图》。两端嵌金漆通雕凤凰牡丹纹角花。

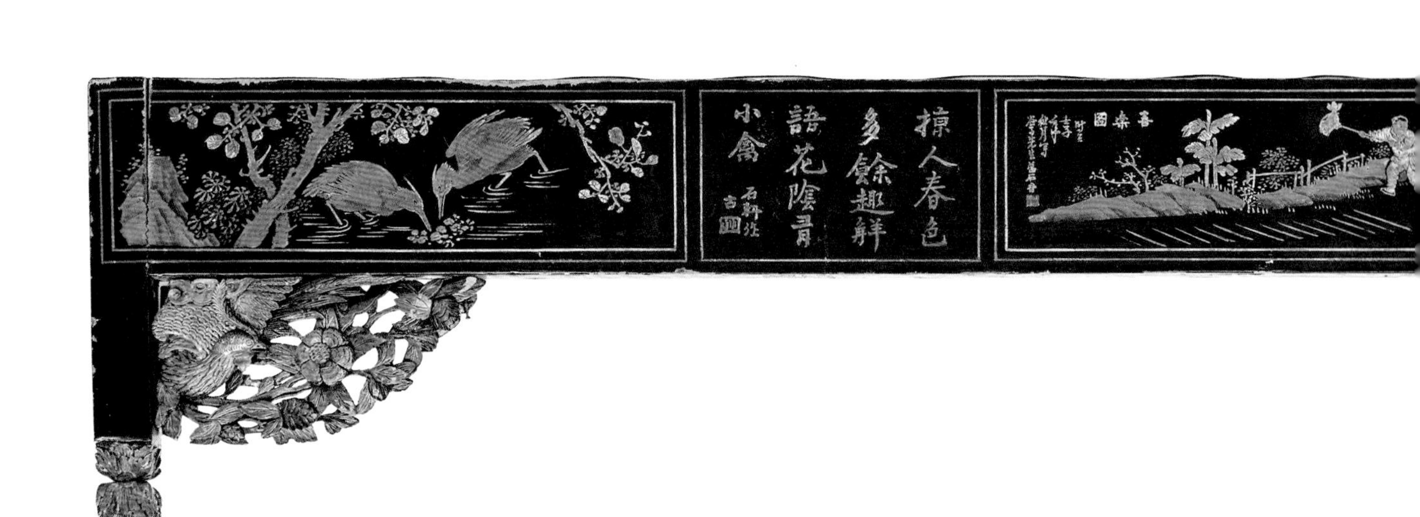

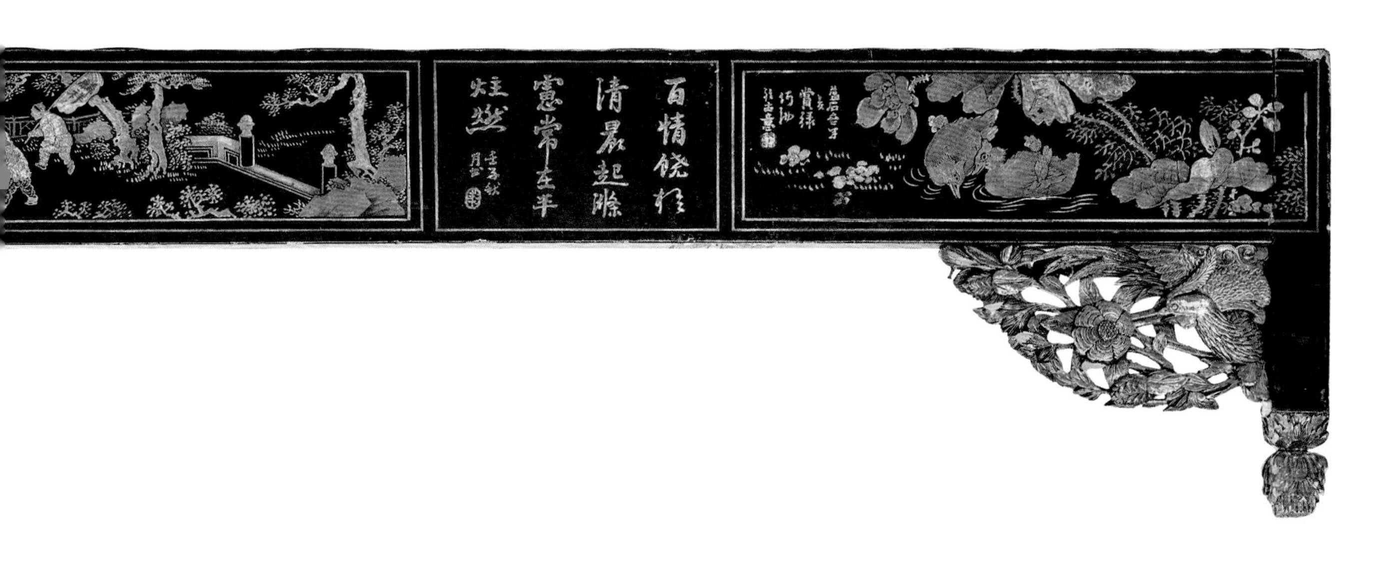

彩漆绘人物瑞兽纹床楣

民国

高 47 厘米，宽 188.5 厘米

床楣左侧圆形花板黑漆彩绘麟驮书匣。相传，孔子诞生时有麒麟降世吐玉书于门前，故“麟吐玉书”喻指圣人出世，后世民间寓意早生贵子。右侧则绘凤凰衔卷轴与之对称。居中三块花板分别绘麻姑献寿、天官赐福、状元及第。

金漆通雕花鸟瑞兽纹床楣

民国

高 48 厘米，宽 192 厘米

床楣下部两侧花板金漆通雕麒麟献瑞。麒麟作为瑞兽，其出没处，必有祥瑞。在民间，也有麒麟送子之说。

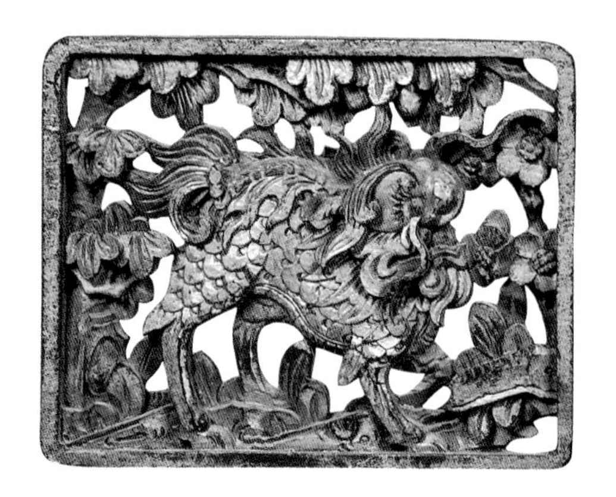

开光浮雕婴戏图床围

清

高 42 厘米，宽 160 厘米

张之先捐赠

床围连环画式开光浮雕婴戏图，有点炮、舞狮、摔跤、采莲[①]、骑牛牧笛等场景，寓意百子千孙、连生贵子。此图应用在架子床之上，代表古人尊崇传宗接代、多子多孙的儒家传统思想。

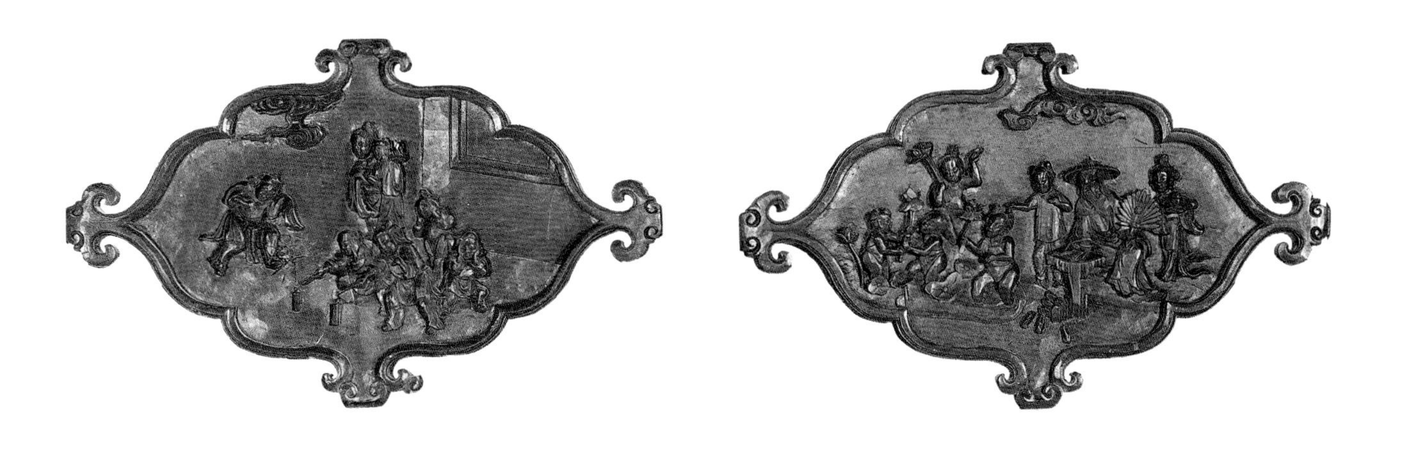

① 童子采莲是婴戏图的常见形式之一。佛教有“莲花化生”之说，故常见或坐或立于莲花中的童子形象，宋元时期更与世俗观念结合，催生出“连生贵子”的寓意。

婚床之俗

婚床，是新婚夫妇和合的特殊地方，汉族民间极重视婚床的安放和铺陈。

民国时期，在广东东莞一带，新郎“上头礼”后，数名吹奏乐器的“鼓手”在新人的洞房里奏乐，俗称“吹房”。然后由一位多子多孙的“好命公”率领几个夫役把新床安置在洞房中，俗称“安床”。主人分发红包给安床者以致谢。一对新人进入洞房后立在床前，由大妗姐一边铺床，一边唱起《铺床歌》：

挂起一张红锦帐，飞龙飞凤对双双，
红漆枕头花锦被，龙须席衬象牙床，
红锦被，绣奇花，风流帐底乐繁华，
铺锦被，向东头，年少夫妻乐唱酬，
三生有幸成佳偶，琴瑟和谐过百秋，
铺锦被，向南新，团圆福禄寿加增，
年少洞房同合卺，今晚邻鸡莫唱勤，
铺锦被，向归西，麒麟早降显英威，
从此赤绳方足系，他朝夫妇与眉齐，
铺锦被，向北方，今朝织女会牛郎，
夫唱妇随如水样，五子登科金玉满堂。[①]

河南一些地方，铺好床后，必须找一个十四五岁的男孩与新郎同床，借以寓意新娘早日生子，有的地方有压床宝塔诗：

啥？
压床。
讨个吉利。
菩萨帮啥忙？
小夫妻安康。
生个儿子状元郎。
光宗耀祖让人称扬。

浙江台州一带，旧时有“照床”之俗。新郎新娘入洞房时，先由福命妇人给新床铺好被褥，手持盛红鸡蛋的木升，插上一对红烛，放在喜床上，让烛光照耀新床，人们唱着：

今夜送洞房，鸳鸯凑成双，
明年生贵子，得中状元郎。[②]

① 徐杰舜：《汉族风俗志》，云南美术出版社，2021年，第599页；据《民俗》114期（1933年4月11日）《东莞婚嫁礼俗之记述》缩写。
② 尹文：《中国床榻艺术史》，东南大学出版社，2010年，第94-95页。

明清时期，江南扬州一带民间百姓在婚庆仪式中，要在婚床帐门两边悬挂“团头”等刺绣饰物，以莲生贵子最常见，还有瓶生三戟、一团和气等，含有求子纳福的吉祥寓意，也具有装饰生活空间的作用。

清末民国 · 扬州刺绣求子“团头”
（尹文藏）

二、建功立业

“天行健，君子以自强不息。”古人认为，大丈夫处世，当奋发有为、积极向上、立功立事。旧时，人们视蟾宫折桂、金榜题名、高官厚禄、功成名就为人生梦想。床榻之上的四聘图、满床笏、鱼跃龙门、五子夺魁等纹饰，正是百姓对子孙成才、入仕为官、建功立业的事业观的直观体现。

元 · 赵孟頫《汤王徵尹图》局部

（台北故宫博物院藏）

引子：

乘舟梦日

伊挚将应汤命，梦乘船过日月之傍。

——《宋书·符瑞志上》

伊尹，商初贤相。汤曾三次（一说五次）遣使聘请，后得其助，伐桀灭夏，王天下。相传，伊尹将要应商汤的聘请时，梦见自己乘舟绕日月而过。后人以“乘舟梦日”指在朝为官，为帝王辅佐，建功立业。

唐李白在《行路难三首·其一》中写道“闲来垂钓碧溪上，忽复乘舟梦日边。”他借古抒怀，表达自己对政治前途的不懈追求，希望有朝一日能像古人一样，为统治者信任重用，建立一番伟业。

民国 · 黑漆彩绘“聘伊尹”图床围屏（局部）
（深圳博物馆藏）

朱金木雕花鸟人物故事纹床围屏（一对）

清末民国

高 178 厘米，宽 141 厘米

张之先捐赠

架子床的左右侧围屏，上、中部金漆通雕窗竹、瓶花、麒麟、花鸟、《隋唐演义》故事等纹饰。下部黑漆彩绘“聘尹伊”“三顾茅庐”“大舜历山耕耘”[①]“子牙渭水钓鲤”四幅人物故事图，民间合称《四聘图》[②]，表达了希望才华被识，成为良臣，实现治国、平天下的人生理想和抱负。

①《尚贤》说：“舜耕历山，陶河滨，渔雷泽，尧得之服泽之阳，举以为天子，与接天下之政，治天下之民。”

②《四聘图》即尧聘舜、汤聘伊尹、文王聘姜尚、刘备聘孔明，亦有以武丁聘傅说、刘邦聘张良进行组合者。《四聘图》为闽南传统木版年画中常见题材，仙游县丘锦宫保存有明代壁画“四聘图”（唐尧聘虞舜、文王聘姜子牙、刘邦聘张良、刘备聘诸葛亮），在彰化鹿港金门馆有陈寿彝彩绘《四聘图》（舜耕历山、商聘尹伊、渭水访贤、三顾茅庐）。

大舜历山耕耘

子牙渭水钓鲤

金漆开光浮雕花卉纹床楣

民国

高 49.5 厘米，宽 185.5 厘米

床楣金漆开光浮雕花卉纹，上部圆形开光花板之下的底板，彩绘花鸟、渭水访贤、三顾茅庐等人物故事，画面丰富，富有层次感。

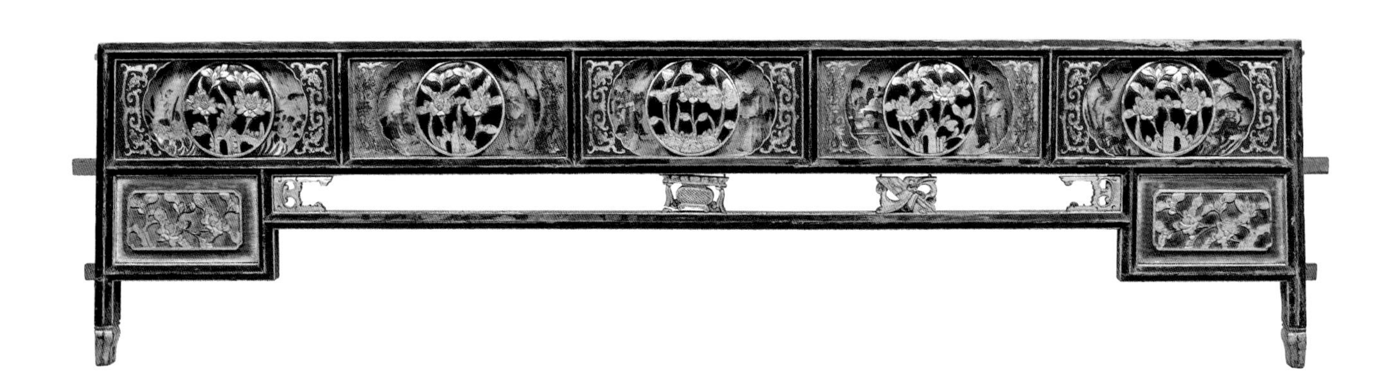

金漆通雕渭水访贤图花板

清

长 61 厘米，宽 29 厘米，厚 4.7 厘米

花板通雕渭水访贤图，描绘的是周文王拜访在渭水边隐居垂钓的姜太公，邀请他入朝辅政的故事。

满床笏

“满床笏”，也称“笏满床”。笏，一名“手板”，也叫朝笏，为古代官吏上朝所执，用以记事等，是官员的象征和官阶、职权的标志。“满床笏”，形容家中做大官的人很多。典源出自《旧唐书·崔义玄传》：“开元中，神庆子琳等皆至大官，群从数十人，趋奏省闼。每岁时家宴，组佩辉映，以一榻置笏，重叠于其上。”《新唐书·崔义玄传》亦载。后来这一典故转移到汾阳郡王郭子仪头上，称他六十大寿时，七子八婿皆来祝寿，堆笏满床。清代被编成《满床笏》一剧，又称《打金枝》，常在吉庆喜宴上演出，成为大户人家喜庆的应景娱乐。

清·金漆浮雕“满床笏”人物故事纹床楣（局部）
（深圳博物馆藏）

民国·潮州黑漆描金郭子仪祝寿图屏风（局部）
（广东民间工艺博物馆藏）

金漆浮雕“满床笏”人物故事纹床楣

清

高 23 厘米，宽 205 厘米

床楣浮雕“满床笏”故事，有加官晋爵的吉祥寓意。相传，唐朝汾阳王郭子仪出将入相，既富贵又寿考，七子八婿，皆为朝廷显官。汾阳王“满床笏”的故事成为许多文人志士忠君报国的崇高理想，并视为修身、齐家、治国、平天下的成功标识，孜孜以求。

朱金木雕人物故事纹床门围（一对）

清

高 163 厘米，宽 19 厘米

张之先捐赠

门围左右对称，顶部绦环板分别金漆浮雕童子执笔、持如意，下部裙板以海棠形开光浮雕郭子仪携子上朝，边框以花卉和嵌螺钿作装饰。

五子夺魁

五子夺魁是中国民间传统吉祥图案之一。“夺魁”的典故源于明代科举考试。明代以《诗》《书》《礼》《易》《春秋》五经取士，每科第一名称“魁”，总计五魁，俗称“五魁首”。在科举盛行的古代，民间常用五子夺魁来勉励子孙登科入仕、光宗耀祖。

民国 · 金漆通雕五子夺魁纹花板
（深圳博物馆藏）

清 · 浮雕五子夺魁纹床围花板
（深圳博物馆藏）

清 · 道光款粉彩五子夺魁图瓶
（吉林大学考古与艺术博物馆藏）

金漆通雕人物花鸟纹床楣

民国

高 52 厘米，宽 197 厘米

床楣上部从左至右依次通雕鹤鹿同春、喜鹊登梅、五子夺魁、鱼跃龙门、童子采莲、雀鹿蜂猴，寄托了主人对长寿富贵、吉祥喜庆、子孙成材、连生贵子、爵禄封侯的美好祈愿。

五子夺魁

鱼跃龙门

爵禄封侯（雀鹿蜂猴）

朱金木雕人物故事纹床楣

清

高 20 厘米，宽 204 厘米

张之先捐赠

床楣浮雕习武、婴戏、五子夺魁等人物故事图。中间五子，各执寓器，从左至右依次为执如意、持莲蓬、举冠、握桂枝、抱笙，分别寓意事事如意、连报佳音、满堂高官、蟾宫折桂、生逢盛世。

朱金木雕人物故事纹门围（一对）

清

高 139.5 厘米，宽 45 厘米

张之先捐赠

门围左右对称，分别通雕抚琴、对弈、读书等生活场景。扶手柱与门围子间有鱼龙纹卡子花相连，莲花柱头上蹲金狮。

黑漆描金花鸟人物故事纹床楣

民国

高 45.7 厘米，宽 186 厘米

张之先捐赠

床楣上部嵌圆形花板，黑漆描金花鸟、加官进爵、博古清供图，花板之下底板施以彩绘锦地花果纹；下部嵌凤凰、狮子、花卉纹卡子花及凤凰牡丹纹角花。

加官进爵

朱金浮雕人物故事纹床楣

清

高 37 厘米，宽 204 厘米

张之先捐赠

床楣金漆浮雕“蔡状元智修洛阳桥”①传说。福建民间相传，一位蔡姓书生（一般认为是蔡襄）高中状元后回到泉州为官，得八仙之助修造洛阳桥，为民解难。画面右侧为蔡书生中状元荣归游街，中段为何仙姑招亲，左侧为八仙贺桥成。今福建地方戏有《蔡状元造洛阳桥》剧目。

① 蔡襄（1012~1067 年）在福建是一个传奇人物，特别是他营建洛阳桥的事迹，更派生出许多传说故事。地方戏有《蔡状元造洛阳桥》剧目。

朱金木雕人物故事纹床楣构件

清

高 43.6 厘米，宽 139 厘米

张之先捐赠

床楣之下相连的构件，居中浮雕状元归家图，左右雕婴戏、花果、葡萄、豆荚、流苏等纹饰，两端垂花柱各有一骑狮小插人。

状元归家

金漆木雕仙姬送子图床楣

民国

高 20 厘米，宽 214 厘米，厚 7 厘米

中心主图案为仙姬送子。故事讲述七仙女私下凡间，和董永结为夫妻，玉帝得知，勒令其回天宫。翌年，董永得中状元荣归，七仙女已诞下麟儿，玉帝特许其送子下凡相会。民间也常借此祈求添丁增口。

仙姬送子

金漆木雕鱼龙纹床楣

民国

高 50 厘米，宽 197.5 厘米

床楣刻有四种不同样式龙纹，足见匠人巧思。居中浮雕若干组两首相对、对称且连续的螭龙纹，两侧通雕鱼龙变题材，下部的帐之下装饰有鱼龙纹、草龙纹角花。以上多种龙纹，寓意望子成龙、教子成才，有勉励后代读书入仕、光耀门楣之意。

鱼龙变

三、福寿绵长

“天教把定春风笑，来作人间长寿仙。”从古至今，长生不老是中国人几千年的梦想。古人更将“寿”列为五福之首[①]，体现了重视生命的延续，热爱生命、追求长寿的美好愿望。人们将桃、松、鹤、八仙、绶带鸟、福禄寿三星、《二十四孝》人物故事等图案雕饰于床榻之上，折射出期望长寿多福、家族兴旺、福荫后代的心理，体现了至孝笃亲、孝道传家、百善孝为先的传统孝道与伦理观。

引子：

梦游月宫

“开元六年，上皇与申天师、道士鸿都客，八月望日夜，因天师作术，三人同在云上游月……其间见有仙人道士，乘云驾鹤往来若游戏……顷，天师亟欲归，三人下若旋风，忽悟，若醉中梦回尔。”[②]

——《龙城录·明皇梦游广寒宫》

清·浮雕“唐明皇游月宫”床楣构件
（深圳博物馆藏）

明·《初刻拍案惊奇》卷七
“唐明皇好道集奇人”
（天津图书馆藏）

唐明皇游月宫故事，虽荒诞不经，但流传甚广，通过描绘梦中月宫仙境，表现人们对神仙之境的向往，以帝王远游烘托道法神奇和帝王追求长寿延年。据《旧唐书·礼仪志四》称：“玄宗御极多年，尚长生轻举之术。于大同殿立真仙之像，每中夜夙兴，焚香顶礼。天下名山，令道士、中官合炼醮祭，相继于路。投龙奠玉，造精舍，采药饵，真诀仙踪，滋于岁月。”[③]

①《尚书·洪范》：“五福：一曰寿，二曰富，三曰康宁四曰攸好德，五曰考终命。”

② 吕薇芬主编：《全元曲典故辞典》，湖北辞书出版社，2001 年，第 624 页。

③（后晋）刘昫等撰：《旧唐书》，中华书局，1975 年，第 934 页。

金漆通雕五福捧寿纹床顶架构件

清

高 60.5 厘米，宽 44 厘米

构件中间五只蝙蝠围绕着一个“寿”字，寿字抽象变形为祥云博古花瓶纹，是典型的“五福拱寿”吉祥图案，也叫“五福捧寿”。

金漆通雕开光鹤鹿同春图床楣

民国

高 102 厘米，宽 189 厘米

床楣中间以海棠形开光，雕鹿、鹤、松、兰等物，取鹤鹿同春、松鹤延年之意；左右雕牡丹、绶带鸟，绶带鸟亦称“寿带鸟”，常与牡丹一起组合，寓意富贵长寿。

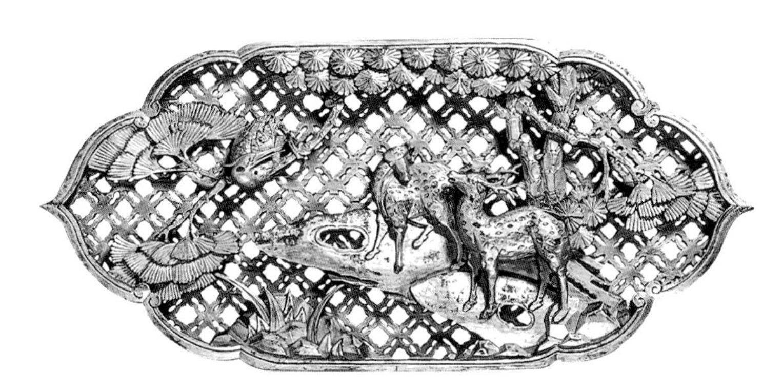

鹤鹿同春

金漆浮雕福禄寿喜纹床楣

民国

高 49.5 厘米，宽 204 厘米

床楣金漆浮雕鹿、蝙蝠、寿桃、喜鹊以及荷、梅、菊、牡丹，寓意福禄寿喜、富贵吉祥。

福禄寿喜纹

金漆通雕古诗诗意图床楣

民国

高 23 厘米，宽 198 厘米

床楣居中浮雕福禄寿三星、蝠鹿、松鹤。民间的寿星图中常伴有鹿、鹤、青松，为长寿之兆，有松鹤长春、鹤鹿同春之意。

福禄寿三星

金漆浮雕卍字瑞兽纹床楣

民国

高 49 厘米，宽 195 厘米

床楣上部金漆浮雕卍字纹，“卍”字有“万福万寿不断头”之意，也叫“万寿锦”。民间视“卍”字为吉祥、辟邪、万寿无疆的标志，寓意生生不息、绵长不断、福寿安康。下部两侧花板则浮雕麒麟祥云，为麒麟献寿。传说麒麟为上古神兽，能活两千年。

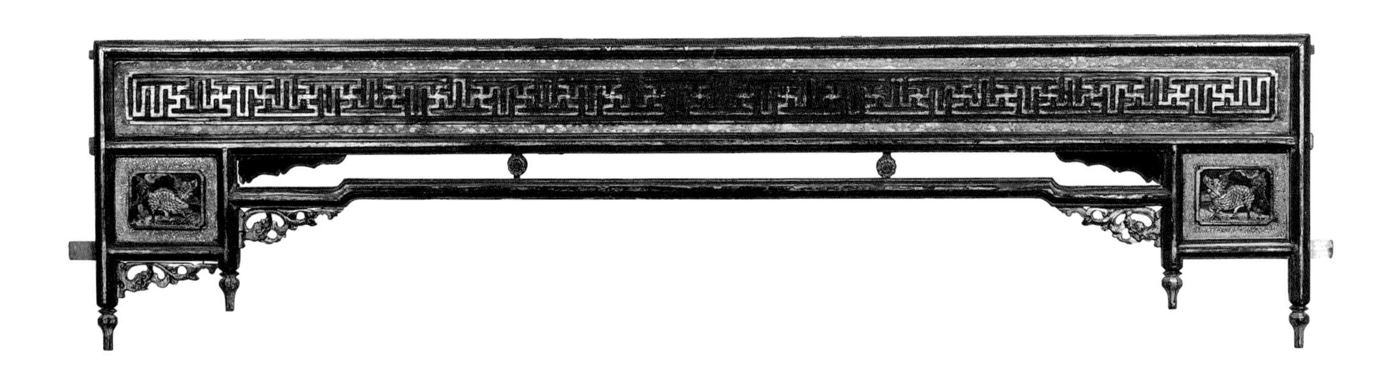

朱金通雕福禄寿三星图床楣

民国

高 19.5 厘米，宽 190.5 厘米

床楣朱金通雕福禄寿三星图及双凤牡丹纹，天宫楼阁居中挂有匾额，刻“玉堂”[1]二字。

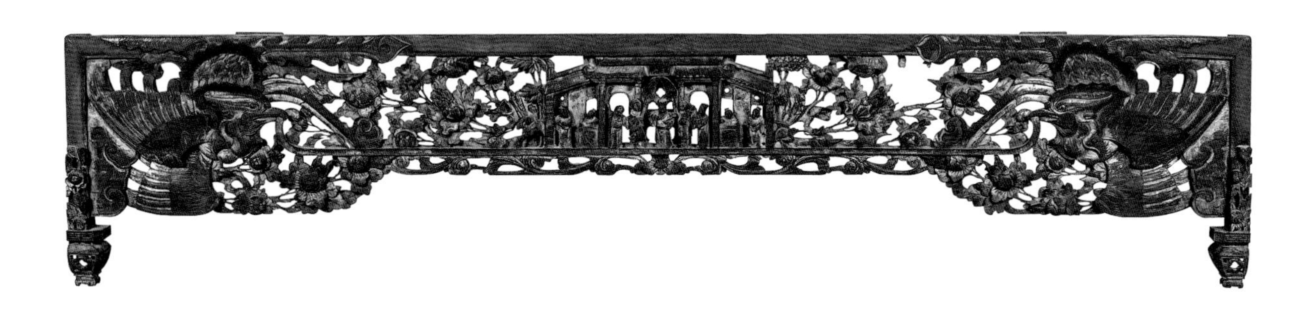

① 玉堂：官署名称，宋代称翰林学士院为玉堂，宋太祖曾赐其匾额，题为“玉堂之署”。参见（北宋）沈括：《梦溪笔谈》，成都，四川美术出版社，2018 年，第 6 页。一说玉堂意为玉饰的楼堂，多指宫殿、宅第。

通雕双鹿纹床门围

民国

高 168 厘米，宽 61.5 厘米

张之先捐赠

门围左右对称，下部通雕双鹿纹，并以骨木镶嵌工艺点缀鹿眼和鹿身；上部采用“一根藤”工艺，并镶镜框，内嵌彩绘寿翁图。

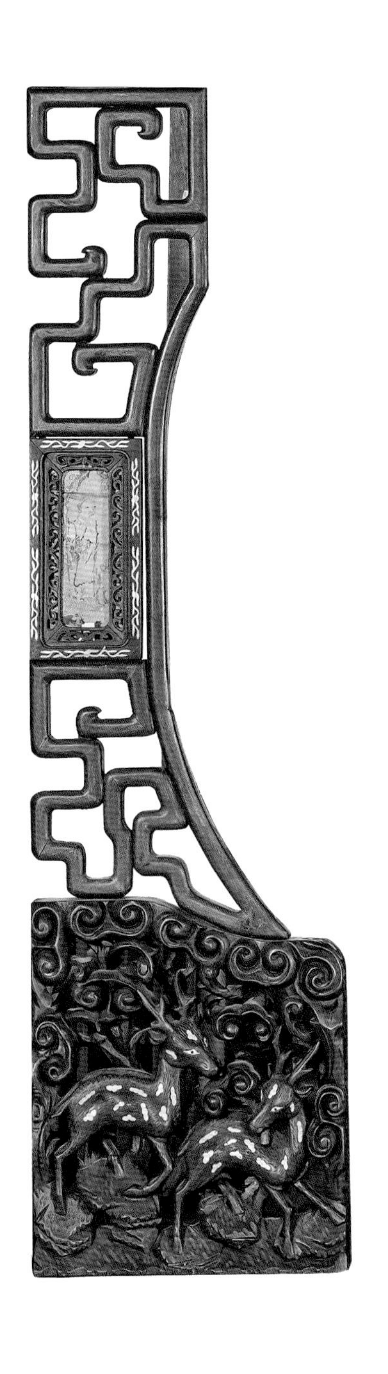

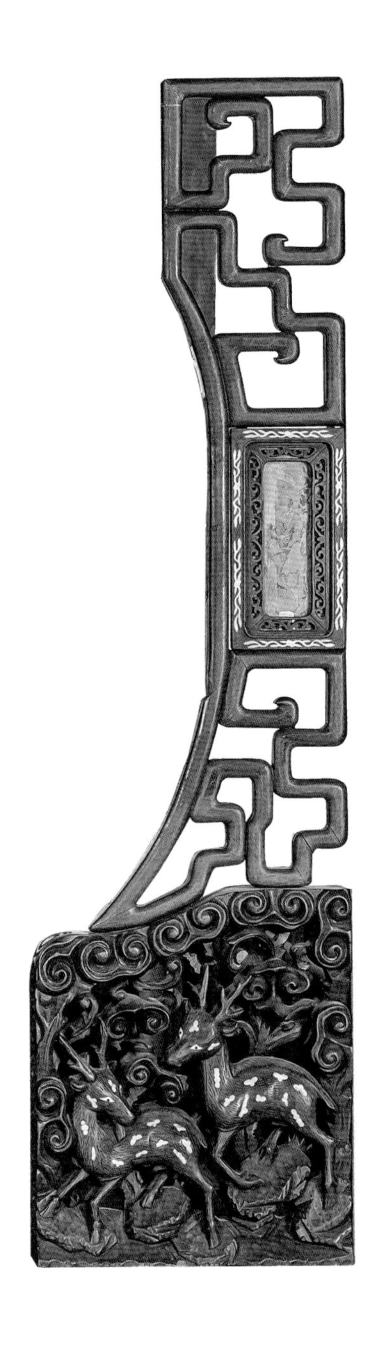

朱金木雕花鸟鱼兽纹架子床

清

长 220 厘米，宽 125 厘米，高 260 厘米

张之先捐赠

床整体装饰工艺细腻，雕绘满目，华丽喜庆，床梃、床腿用料宽厚，显示出主人家境殷实。

毗卢帽由七块花板组合而成，浮雕瓶花、花鸟、蝴蝶、院落、鸳鸯莲花、金鱼水草等，顶部则通雕火焰、双旗、蝙蝠、缠枝花卉等纹饰。

床楣、门围雕饰元素包罗万象，涉及花鸟、鱼虫、瑞兽、吉禽、瓜果、博古、几何纹等，有松、竹、梅、莲、龙、凤、麟、鹿、象、狮、牛、马、鸡、兔、鹭、鸳鸯、蟾蜍、金鱼、蝙蝠、松鼠、绶带鸟、瓢虫、青菜、苦瓜、豆荚、桃子、杨梅、葡萄、石榴、戟磬、瓶花、方胜、古钱、回纹、寿纹、盘长纹等，组合成凤凰牡丹、双龙戏珠、松鼠葡萄、太狮少狮、鹤鹿同春、绶带春光、吉庆有余等多个吉祥寓意题材。

三面床围以短材攒接几何纹图案，其间嵌竹叶、梅花、佛手等花果纹卡子花。

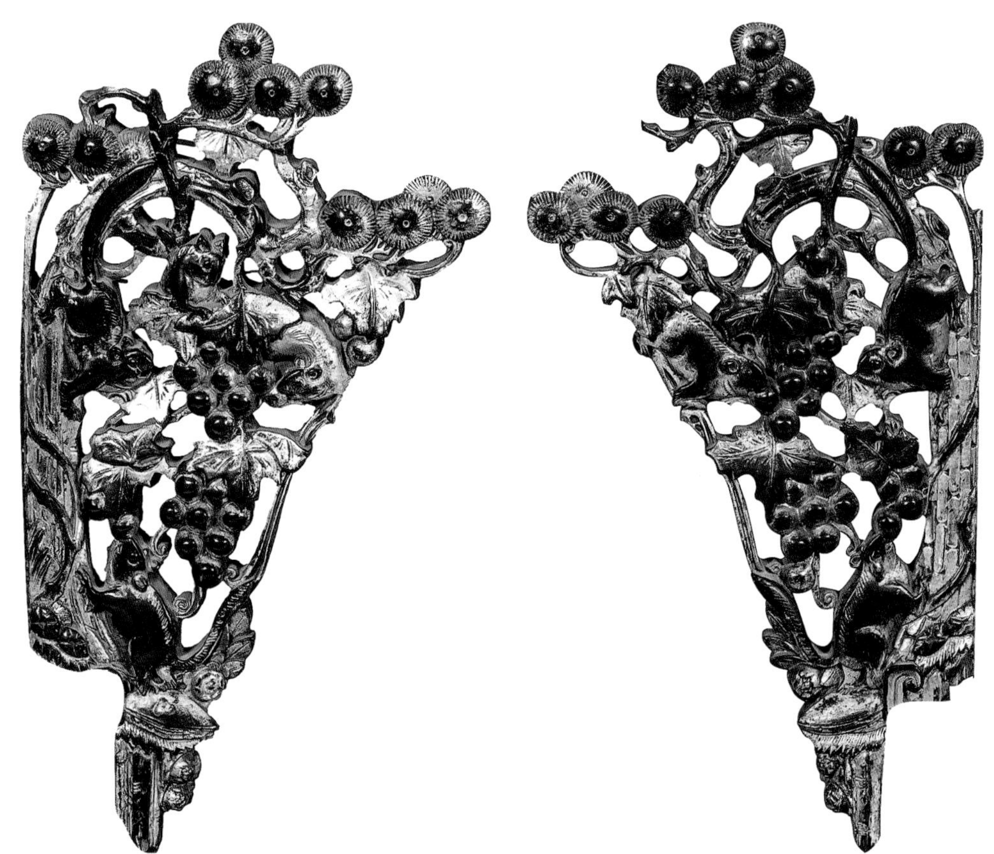

八仙纹，是中国民间祝寿常用的传统纹样，多出现在家具、木雕、年画、瓷器、书画、建筑壁画之中，寓意健康长寿、吉祥美好。暗八仙纹，是由八仙纹派生而来，在这种纹样中并不出现八仙，而是以八仙所持法器代表他们。①

民国 · 金漆木雕八仙纹蜡烛台
（深圳博物馆藏）

通雕八仙纹故事纹床楣

清
高 30 厘米，宽 215 厘米
张之先捐赠

床楣作素混面，海棠形开光，云头纹作地，通雕八仙和福禄寿三星，人物轮廓圆润，栩栩如生。楣板下方设镂空牙板，饰以云纹、拐子纹和蝠寿纹，中部开光雕刻拜寿图，宾客作拱手祝贺状，后端二人抬《全家福》匾作礼，场面热闹。

① 古月：《国粹图典：纹样》，中国画报出版社，2006 年，第 154 页。

金漆通雕花鸟纹床楣

民国

高 56 厘米，宽 191 厘米

床楣主体通雕花鸟纹，中间的大牡丹花雕成寿桃状，并刻“寿”字纹。上部底板浅浮雕暗八仙纹，上嵌通雕花卉纹花板。画面繁缛饱满，充实华丽。

金漆通雕花鸟纹床楣

民国

高 57 厘米，宽 190 厘米

床楣上部底板浮雕暗八仙纹，上嵌通雕花鸟、鱼化龙等纹饰花板；下部牙板通雕花鸟纹，并以金玉带贯穿其间，上刻回纹、花叶纹。

描金漆绘《二十四孝》故事图床围

民国

高 43.5 厘米，宽 193.5 厘米

张之先捐赠

床围以黑漆为底，以金漆为色，绘《二十四孝》故事中的哭竹生笋、怀橘遗亲、涌泉跃鲤，其间还有喜上眉梢、富贵平安、见日高升等吉祥寓意的图案。

怀橘遗亲

哭竹生笋

涌泉跃鲤

通雕人物故事纹门围（一对）

清

高 168 厘米，宽 48.5 厘米

张之先捐赠

左侧门围上部花板以四合如意云为造型基础，圆形开光通雕《二十四孝》故事“扇枕温衾”。中部花板采用四簇云纹方形开光，通雕“文魁”“状元及第”，底部花板以叶纹开光，浮雕蟾宫折桂。

右侧门围上部圆形开光内通雕《二十四孝》故事“乳姑不怠”，讲述的是唐代崔山南的祖母唐夫人孝敬曾祖母长孙夫人的事迹，借此教化后人，孝老爱亲。中部方形开光内通雕“九世同居”，为唐朝张公艺九世同堂，百忍治家，寓意长寿多福，家宅兴旺和睦。底部花板以叶纹开光，浮雕童子持戟嬉戏，寓意吉庆有余。

状元及第

九世同居

扇枕温衾

乳姑不怠

结 语

物因人造，事因人成。

坐卧隙趣，人生自乐，困倦一方藤枕。

床榻的故事，也是人的故事。其形制、工艺、纹饰，无不倾注人的情感，集中体现了时代风尚、时人审美及世俗幸福追求。床榻印记着民族文化的血脉，形成了中国传统文化的诗礼图像和记忆，融汇在华夏民族的血液之中。

鸣 谢

展览筹备中，承蒙下列个人及机构鼎力支持，特此鸣谢！

张之先　娄安庆

尹　文　钟碧美

刘　丹　黄海妍

吴　佳　薛　燕

杨耀林　赵　敏

孟　倩　潘鸣皋

阮华端　张一兵

史巧云　李　晋

安徽三河民俗博物馆

广东中国客家博物馆

广东省博物馆

广东民间工艺博物馆

宁波市文化馆（宁波市非物质文化遗产保护中心）

藏品篇

一、罗汉床

黑漆刻花鸟诗文卷书围罗汉床

民国

长 210 厘米，宽 145 厘米，高 109 厘米

左围屏

床身通体髹黑漆，腿部间以红、金、银、绿彩漆。书卷围正面刻松鹤、花卉图并填金漆，刻诗文：

“春游芳草地，夏赏绿荷池。秋饮黄花酒，冬吟白雪诗。录古诗一首。”“白日依山尽，黄河入海流。欲穷千里目，更上一层楼。应寅昌先生正，乃革。”

下部红漆为地，上刻琴棋纹。

左右两侧围屏中部皆为金漆白描花卉图，下部为玉书纹。左屏刻诗文：

“清幽有境亦名山，溢俗凭池水一湾。课罢晚凉余兴在，还将荆棘带云删。录育才校园，禄诛七绝一首。”

“桃李盈门应候栽，倚云傍水尽成材。林泉甲子浑忘老，花记逢春几度开。书为寅昌先生正，冰心。”

右屏刻诗文：

“高卧元龙一榻张，笔花有梦亦幽芳。忘忧已种阶前草，何必仙家不老方。以应寅昌先生正，乃革。”

“芳草名花赛美人，艳阳天气正浓春。学梭巧织天丝锦，簇簇分明燕剪新。书应寅昌先生政，革心。”

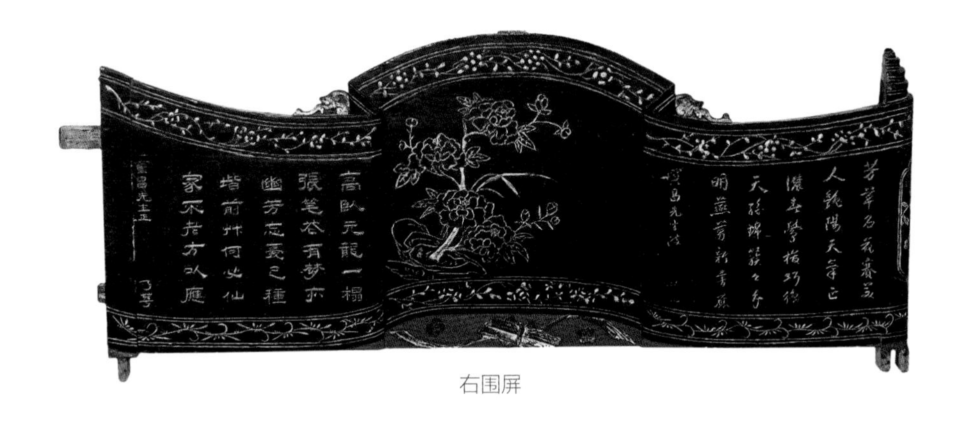

右围屏

黑漆描金彩绘诗画纹书卷围罗汉床

民国

长 205 厘米，宽 142 厘米，高 104 厘米

张之先捐赠

镶云石雕葡萄纹罗汉床

民国

长 198 厘米，通高 153 厘米

二、贵妃榻

酸枝浮雕花果纹贵妃榻

民国

长 187.5 厘米、宽 59 厘米、高 80 厘米

围板为活动式，方便装卸。后围板开光浮雕柿、松、牡丹、桃；牙板浮雕鼎、花觚、云头如意等，与围板纹饰共取博古清供之意。整体形制浑厚敦实，雕刻纹饰带文人风气，清逸秀雅。

酸枝浮雕瑞兽纹贵妃榻

民国

长 178 厘米，宽 51 厘米，高 83 厘米

后围板及牙条浮雕有鹿梅、鹤竹、麒麟、凤鸟、桃果、喜鹊登梅等图案，寓意吉祥、长寿、喜庆、多子多福。木雕刀法娴熟，构思巧妙。

嵌云石雕花叶纹贵妃榻

民国

长 172 厘米，宽 55 厘米，高 109.5 厘米

榻面攒框镶独板，边抹下端内收，高束腰，牙板为鲤鱼肚光素无纹，沿边起阳线作卷草纹，下接三弯腿。后围板三屏镂空并嵌云石背板，四周雕刻蔓草纹。扶手两边对称通雕西洋茛苕纹和中心的鸢尾花纹，花叶蜿蜒翻卷，叶脉清晰，富有立体感，洋溢着中西合璧之风。

酸枝嵌云石雕花卉纹贵妃榻

民国

长 171 厘米，宽 54 厘米，高 112 厘米

后围板三屏，呈山字形，镶海棠形、长方形云石背板，屏心四周嵌花卉纹卡子花，工艺精湛，格调典雅。

酸枝嵌云石雕葡萄纹贵妃榻

民国

长 171 厘米，宽 55 厘米，高 120 厘米

后围板嵌云石背板，四周雕刻葡萄纹。榻面之下有束腰，牙板浮雕葡萄纹，四腿间设有横枨，起稳固作用。

酸枝嵌云石雕花果纹贵妃榻

民国

长 160 厘米，宽 55 厘米，高 118 厘米

榻面独板，高束腰，三弯腿。后围板嵌云石，中圆两边方，对称美观，四周雕桃、杨桃等花果纹。

酸枝嵌云石雕三狮推球葡萄纹贵妃榻

民国

长 192 厘米，宽 61.5 厘米，高 138 厘米

靠背面上部圆雕三狮推球，通雕葡萄花鸟纹，刻“如意”二字；中部镶云石，黑白分明，纹理浑然天成，宛如耸立山峰；四周环饰玉带，以梅花锦地纹为地，上浮雕玉书、如意、鸳鸯、莲花、葡萄、双钱纹。榻面两侧扶手设计成圆枕，枕上雕双钱纹、葡萄纹，亦刻“如意”。束腰处浮雕联珠纹，牙板及三弯腿拱肩皆浮雕葡萄纹，寓意多子多福。

酸枝嵌云石雕双狮戏球葡萄纹贵妃榻

民国

长 208 厘米，宽 62 厘米，高 144 厘米

酸枝嵌云石雕云蝠纹贵妃榻

民国

长 172 厘米，宽 54 厘米，高 120 厘米

榻面两侧扶手演变为圆枕，枕上有双凤纹；靠背如一根藤弯曲构成，上部雕云蝠纹，中部镶圆形云石板，左右雕宝剑等博古清供，并有“帅”“仕”“炮”“将”“士”象棋子。

酸枝嵌云石贵妃榻

民国

长 171 厘米，宽 55 厘米，高 120 厘米

此榻设计上借鉴了西洋风格，榻面一侧为倾斜式，边沿向外侧翻卷，另一侧为书卷枕。整体呈阶梯式提高，寓意“步步高”。榻面攒框镶板并开狭长孔透气，后背为皇冠形，镶云石板，左右对称，极具装饰性。

三、拔步床

金漆木雕人物故事纹拔步床

民国

面宽 204 厘米，进深 235 厘米，通高 216 厘米

前廊正面踏板为内翻马蹄矮足，上方楣板金漆浮雕辞别、赶考等世俗生活场景，左右门围金漆浮雕婴戏、仙人做法等人物故事纹，中部贴有透明玻璃，使得内部的木雕人物完好保存至今，而左右门围柱首小插兽已丢失。后部床体整体雕饰繁复，有婴戏、五子夺魁、才子佳人、梅兰竹菊、绶带春光、一路连科等吉祥纹饰。

朱金木雕人物故事纹拔步床

民国

面宽 212 厘米，进深 240 厘米，高 214 厘米

张之先捐赠

后床围屏部分插板及构件已缺失，内侧绦环板雕刻多幅童子嬉戏图和花卉图，景窗嵌有精美卡子花。床梃处浮雕三弯腿装饰。床体正立面有床罩，左右门围中部开窗，床楣雕刻多幅人物故事图，居中为五子夺魁。

踏步正立面的装饰精美。前廊门围自上而下雕饰花卉、博古、人物故事图；中部开窗处用蝴蝶花卉纹卡子花嵌玻璃，玻璃上原有彩绘已脱落；裙板施彩绘、蚝漆，使之更显华丽精美。门柱间设床楣，上部由三块花卉图花板组成，下部嵌有凤凰牡丹纹角花和垂花柱。

床体

朱金木雕人物故事纹拔步床

清

面宽 219 厘米、进深 198 厘米、通高 232 厘米

张之先捐赠

《杨门女将》故事

拔步床综合运用浮雕、通雕、镶嵌、漆绘等多种工艺。前廊设飘檐，部分构件缺失，嵌有圆雕人物倒挂；横楣板开光浮雕花卉、水禽、杂宝及婴戏、明皇游月宫等人物故事图，并饰有宝塔。左右门围雕饰蝙蝠、花卉、《杨门女将》故事。踏步两侧围屏上方景窗板可开合，下方绦环板装饰花卉纹图案。

后床三面床围无装饰，楣板描金漆绘花卉蝴蝶、人物故事等图案，楣板之下挂檐采用“一根藤”工艺组成，其间夹有花卉纹卡子花、联珠纹矮柱装饰。门围左右对称，朱金通雕花卉纹，描金漆绘瓶花、婴戏图、杂宝纹。

朱金木雕人物故事纹拔步床

清

面宽 216 厘米，进深 290 厘米，通高 230 厘米

张之先捐赠

花梨木嵌骨人物故事花鸟纹拔步床

民国

面宽 224 厘米，进深 280 厘米，通高 290 厘米

张之先捐赠

四、架子床

金漆通雕花鸟纹架子床

民国

长 215 厘米，宽 167.2 厘米，高 216.5 厘米

金漆通雕花鸟纹架子床

民国

长 227 厘米、通宽 154 厘米、通高 227 厘米

四柱架子床，后床围缺失。床楣上下两层，金漆通雕喜鹊、梅花、石榴、双鹿等，寓意喜上眉梢、多子多福。床面为木板拼成，牙板及床腿皆分别浮雕花鸟、鹿、兽等纹饰，寓意福禄寿喜、欢天喜地。

金漆通雕花鸟瑞兽纹架子床

民国

长 211 厘米，宽 161 厘米，高 207 厘米

床楣以树干花枝延展构图，金漆通雕花鸟瑞兽纹。三面床围黑漆彩绘山水人物、喜鹊梅花、瓶花盆景、金鱼水草、绶带牡丹、蝴蝶莲花、蜻蜓石榴、梅兰甲虫等纹饰。床围之上安放有柜格式床里柜，柜面彩绘梅、菊、水仙等花卉，中部金漆通雕花鸟纹。床梃金漆浮雕花鸟葡萄纹，寓意瓜瓞绵绵、家族繁昌。

金漆通雕盘龙对鸟花卉纹架子床

民国

长 227.5 厘米，宽 168.5 厘米，高 233 厘米

床楣中部雕团龙对鸟，左右海棠形开光雕鸳鸯戏水，寓意夫妻恩爱、圆满长寿。床围黑漆彩绘山水、盆景、花果、锦鸡等纹饰。

金漆通雕花鸟瑞兽纹架子床

民国

长 213 厘米，宽 168.5 厘米，高 207.5 厘米

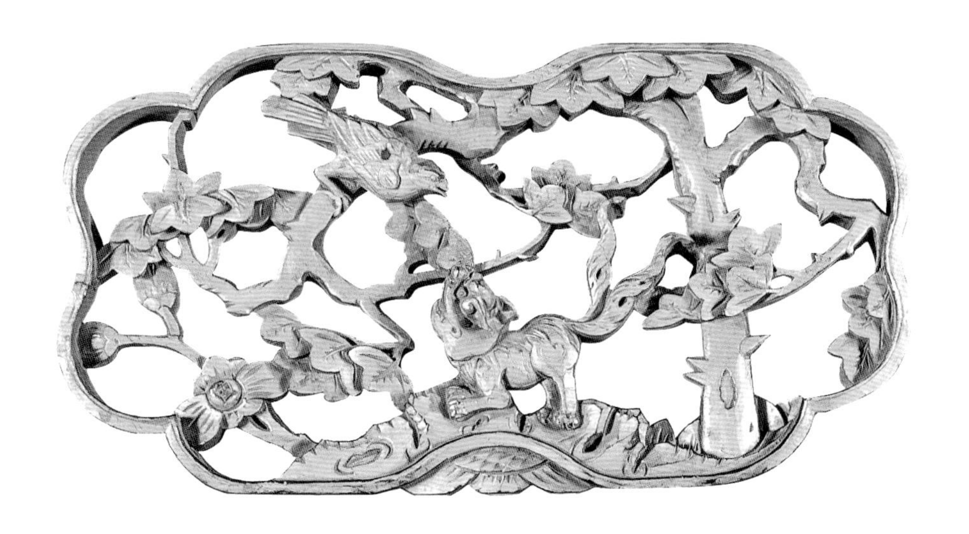

床楣、床腿、牙板采用金漆木雕工艺，分别雕喜鹊瑞兽、花卉、牡丹绶带，寓意抬头见喜、富贵长寿。三面床围以平面做出折叠屏造型，上部勾勒出折叠后的不规则形状，边沿彩绘花卉、回纹、寿字纹等纹饰，后床围彩绘蝴蝶芙蓉、蜜蜂菊花、一路连科、室上大吉等图案。

金漆通雕花鸟瑞兽纹架子床

民国

长 213 厘米，宽 161.5 厘米，高 222.5 厘米

后床围

侧床围

床楣金漆通雕花鸟瑞兽、绶带牡丹纹。三面床围黑漆彩绘山水、菊花、绶带、竹雀、锦鸡、鸳鸯、蝴蝶、瓶花盆景、喜鹊登梅、孔雀牡丹等纹饰，寓意吉祥如意、喜上眉梢、富贵祥和等。

金漆通雕双凤牡丹纹架子床

民国

长 224 厘米，宽 144 厘米，高 224 厘米

床罩由床楣及门围组合而成，采用金漆通雕工艺，并以拐子龙纹进行分隔和连接。床楣雕双凤牡丹纹，左右门围雕狮子戏球、佛手牡丹，对称美观。床上安放竹枕，两侧金漆浮雕瓶花纹。床围金漆浮雕蔓草、葡萄、凤衔玉书、金蟾吐钱、飞蝠祥云、囍字等纹饰。搁架式床里柜，金漆通雕花卉纹。方直腿足浮雕石榴牡丹纹。所有纹饰皆蕴含了夫妻和睦、多子多福、富贵功名等吉祥寓意。

朱金木雕花鸟纹架子床

民国

长 201 厘米，宽 76 厘米，高 228 厘米

张之先捐赠

通体施红漆，四角立柱，柱顶加盖为床顶架，以短材互相攒接拼成海棠纹图案，既稳固又美观。三面起围，围栏素面无饰，上端设横枨，枨间嵌金漆木雕柱形、花鸟纹、草龙纹卡子花，后床围两端立圆雕狮子。床面之下束腰处金漆浮雕飞蝠纹。此床较一般架子床要窄。

金漆木雕梅兰竹菊花鸟纹架子床

民国

长 211 厘米，宽 131 厘米，高 184 厘米

床腿条凳式，为后配。正面安装有矮围，似倒立的床楣，雕花鸟、桃果、佛手等花果纹，且成双成对。四柱之间上端以横枨相连，再盖床顶架，结构稳固。床面髹黑漆，由八块床板拼接而成。三面床围皆采用金漆木雕工艺，尤以后床围雕饰最为讲究，浮雕宝瓶花果、松鹤竹鹿、梅兰竹菊、凤凰牡丹、卷草花卉等。可能为旧时富家小姐所用，民间称“小姐床”。

朱金木雕人物故事纹架子床

民国

面宽 202 厘米，进深 101 厘米，通高 197 厘米

张之先捐赠

朱金通雕花鸟人物故事纹架子床

清末民国

长 214 厘米，宽 134 厘米，高 224 厘米

张之先捐赠

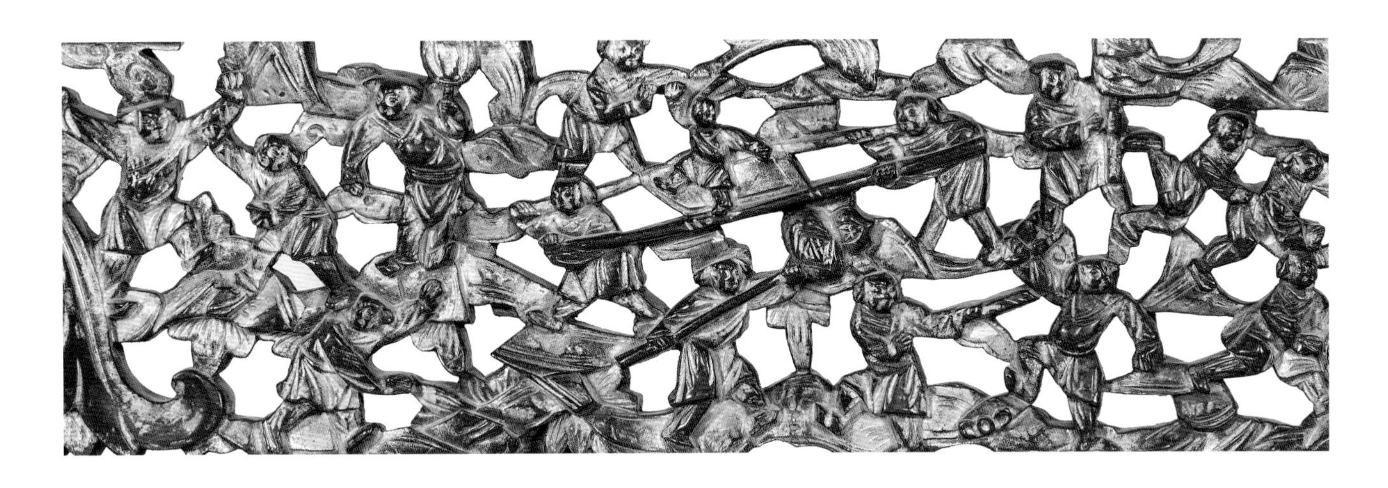

百子图

四柱架子床。装饰部分主要集中在床楣、床围、床里柜、腿足及牙板。整体采用雕刻的装饰手法，且以通雕为主。

床楣上部从左至右依次为一路连科、仙姬送子、五子夺魁、天官麒麟、喜上眉梢，下部通雕鱼藻、花卉、凤凰牡丹纹，并嵌有莲花纹垂花柱，部分绦环板边框髹绿、白蚝壳漆。

三面床围通雕百子图，或舞龙舞狮，或下棋娱乐，或抬杆玩耍，或举“大吉”葫芦、灵芝如意等吉祥物件，场景热闹非常；床围以夔龙纹为边框，并在两端龙尾处雕圆形“寿”字。床围之上安隔架式床里柜，抽屉面黑漆描金杂宝、花卉纹，并饰有蝠形铜把手。

床梃之下束腰处浮雕卍字、回纹；牙板通雕福禄寿三星和喜鹊梅花；床腿以变形象纹为框，浮雕人物故事纹。

朱金木雕花卉杂宝纹架子床

清

长 204 厘米，宽 135 厘米，高 205 厘米

张之先捐赠

朱金木雕描金漆绘花鸟人物故事纹架子床

民国

长 202 厘米，宽 144 厘米，高 235 厘米

张之先捐赠

该床雕工精细，漆绘精美。床楣缺失。后床围描金漆绘“萧史弄玉”“天台二女”等传说故事，两侧床围则绘竹、菊、荷、鹭、马、鹿、麒麟、蝴蝶、飞燕、绶带等花鸟瑞兽以及盆景、古琴、拂尘、毛笔、画轴、玉书、佛手、菠萝、孔雀翎等博古清供。床腿通雕象首、狮子、麒麟、喜鹊等，用以镇宅辟邪、祈求吉庆。腿足间牙板通雕凤凰牡丹、松鹤延年、一路连科等吉祥纹饰。

朱金木雕人物故事纹架子床

民国

长 202 厘米，宽 147 厘米，高 230 厘米

张之先捐赠

架子床雕饰精美，纹样中西结合。床围多处通雕窗竹、瓶花、草龙、麒麟、花鸟、蝴蝶、《隋唐演义》人物故事等中国传统装饰纹样，并融入罗马柱、拱形门等西洋元素。后床围下部黑漆彩绘人物故事图，分别为拾椹供亲、行佣奉母、仙女送麟儿；侧床围之上设双层床里柜，抽屉面开光描金漆绘花鸟、瓜果纹，并以浮雕花卉纹环绕。床腿浮雕《杨宗保穆桂英》戏剧故事，牙板饰婴戏、花鸟瑞兽图。床楣缺失。

《隋唐演义》人物故事

朱金木雕描金漆绘人物故事纹架子床

民国

长 203 厘米，宽 136 厘米，高 210 厘米

张之先捐赠

六柱架子床。床楣疑为后配，浮雕刀马人物。床综合采用朱金木雕、描金漆绘、镶嵌等工艺，髹红、黑、绿三色漆与蚝壳漆，贴金，通雕、浮雕并施，嵌玻璃镜、人物画。装饰题材既有中国传统纹样，又融入西洋元素，如拱门、栏杆、罗马柱等，呈现出一种古今交融、中西合璧、异常华丽的风格。其雕刻及漆绘题材十分丰富，既有八仙、渔樵耕读、《杨家将》、《白蛇传》、《陈三五娘》(《荔镜记》)、《杨管克赛（翠）玉》等人物故事，又有龙、凤、麟、鹤、马、兔、鱼、虾、蟹、蝙蝠、蟾蜍、蝴蝶、石榴、如意结、博古图、喜上眉梢、金玉满堂等动植物和吉祥物，并饰有花鸟、缠枝、卷草、回纹等以及民国流行的双旗纹。

左侧床围屏中部偏右嵌有一照片：年轻的母亲面容姣好，为民国时期的时尚打扮，戴耳坠、项链、手表、戒指，穿浅色上衣和深色裙子；小女孩五官略模糊，戴手镯，穿小马甲和裙子。母女二人穿同款鞋子。其身后房门贴有楹联，依稀可见“民权”“主义”等字。另有“林宇”二字。此架子床工艺精湛，装饰华丽，风格中西合璧，体现出强烈的女性审美情趣，还呈现出明显的时代特征。

右围屏

楊管克
賽王

過小溪

描金漆绘人物故事纹架子床

民国

长 218 厘米，宽 153 厘米，高 207 厘米

张之先捐赠

床通体髹黑漆，四角立柱，上盖床顶板。床楣居中描金漆绘《麟趾呈祥图》，有款识“喜乐图，时在壬子年秋月写，谷子先生，蕴石斋”，有祝福生育后代、子孙昌盛之意；左边绘《双鹭觅食图》，配诗文“掠人春色多余趣，解语花荫有小禽。石轩作古。”右边绘《双鸭戏水图》，有款识“蕴石斋□，夏赏绿荷池法古意”，配诗文“百情饶于清晨起，涤虑常在半柱燃。壬子秋月书。”两端嵌金漆通雕凤凰牡丹纹角花及垂花柱。

三面床围呈书卷式，连绵起伏，犹如一幅长卷，错落有致。以黑漆为地，饰描金古诗文、山水人物、花鸟鱼兽、《二十四孝》故事等，有吉庆有余、健康长寿、富贵平安、喜上眉梢等吉祥寓意以及以孝事亲、孝敬父母的教化意蕴。具体为诗文“青雀西飞竟未回，君王长在集灵台。侍臣最有相如渴，不赐金茎露一杯。”[1]《鹿乳奉亲图》“亲老思鹿乳，身挂鹿皮衣。若不高声语，山中带箭归。石轩作。”《花鸟图》“时在壬子年秋月写。仙子先生法意。”《哭竹生笋图》“天意报平安，石轩。”《牡丹盆景图》“富贵长留，仲秋月作，蕴石斋。”《怀橘遗亲图》“怀橘遗亲。时在壬子，对秋月□，蕴石轩作。”《博古盆景图》“壬子年写，金谷先生法。”《涌泉跃鲤图》“舍右甘泉出，朝朝双鲤鱼。子能知敬母，妇更孝于姑。石轩作。”《松鹤图》“见日高升，蕴石斋写。”《山水古寺图》“隔江山寺闻钟，蕴石斋。”[2]《为亲负米图》“为亲负米，秋月作古意。”《鱼藻图》“七十老人作笔”。

左床围

右床围

1. 唐·李商隐《汉宫词》。

2. 苏东坡说的人生赏心十六件乐事为“清溪浅水行舟；微雨竹窗夜话；暑至临溪濯足；雨后登楼看山；柳阴堤畔闲行；花坞樽前微笑；隔江山寺闻钟；月下东邻吹萧；晨兴半炷茗香；午倦一方藤枕；开瓮勿逢陶谢；接客不着衣冠；乞得名花盛开；飞来家禽自语；客至汲泉烹茶；抚琴听者知音。”

朱金木雕人物故事纹架子床

民国

长 202 厘米，宽 136 厘米，高 210 厘米

张之先捐赠

四柱之上盖囍字纹床顶架。床楣疑为后配，上部圆形花板黑漆描金绘花鸟、加官进爵、博古清供图，花板左右红漆描金绘佛手、石榴、拐子龙等吉祥图案，花板之下底板施以彩绘锦地花果纹；下部嵌凤凰、狮子、花卉、绣球造型的卡子花及凤凰牡丹纹角花。

三面床围嵌精美的金漆通雕花板，雕刻多幅戏剧人物故事，部分为《三国演义》故事。床围之上设搁架式床里柜，朱金浮雕婴戏、读书、农作、《三国演义》故事之刘备招亲。

床腿工艺考究，雕饰象首、凤鸟，并以石榴形开光雕刻人物故事图，其中左为《牛郎织女》故事。牙板以卍字纹为地，其上开光浮雕赵子龙、关羽等《三国演义》人物故事及婴戏、读书场景。床梃黑漆描金绘凤衔花枝、《水浒传》故事之"三打祝家庄"等，绘画风格时代较晚，疑为后配。

金漆木雕人物故事纹架子床

清

长 212 厘米，宽 160 厘米，高 214 厘米

张之先捐赠

床采用浮雕、通雕技法，雕工精细，人物自然流畅，立体生动。床楣、门围、门柱嵌蓝色料器，呈现出宝石般闪闪发光的效果。整张床的配色及木雕风格呈现出华丽繁缛而不失古雅庄重的视觉效果。

床楣中心主图案为金漆浮雕郭子仪祝寿图，人物众多，场面气派，下雕三狮戏球，喜气生动；左为《杨家将》故事：杨宗保请穆桂英献出降龙木，右为《隋唐演义》故事：尉迟恭单鞭救主。门围雕刻麻姑献寿、刘海戏蟾、《隋唐演义》故事等纹饰，两侧柱头皆饰以圆雕狮、象。

床梃板材方直厚实，黑漆为底，扇面形开光红漆浮雕庭院人物图，海棠形开光松鹤、花鸟图。床腿造型和纹样优雅，左右分别雕饰凤凰衔灵芝、麒麟吐玉书等吉祥图案。

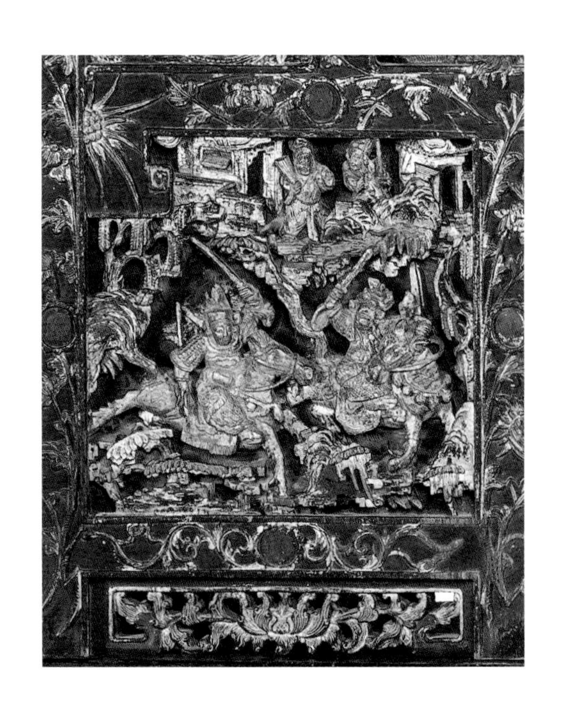

金漆通雕人物故事纹架子床

清末民国

长 211 厘米，宽 132 厘米，高 205 厘米

张之先捐赠

床雕工线条较粗。床楣居中主图案为五只蝙蝠环绕组合成五福图，左右雕饰祥云、葡萄、梅花、松树、飞鹤等图案。两侧门围嵌蓝色料器，增加奢华感；通雕母子鹿、葡萄松子，寓意福寿、多子；门柱头圆雕执莲童子与持八卦镜童子，左右对称。床腿雕饰麒麟、凤凰图，床腿外侧均雕成象鼻造型。

金漆木雕花卉人物故事纹架子床

清

长 210 厘米，宽 136 厘米，高 210 厘米

张之先捐赠

床主体髹黑漆，雕花部分为红漆。床楣居中为元宝形开光浮雕“仙姬送子”，开光之外左右对称通雕松鼠葡萄，其间穿插有蝴蝶、蝙蝠等纹饰。门围子浮雕世俗生活场景，柱头雕饰狮子戏球、太狮少狮。床楣、门围原嵌有琉璃珠，现已脱落缺失。腿部装饰有浅浮雕祥云、吉磬和莲瓣纹。

金漆木雕人物故事瑞兽纹架子床

清

长 211 厘米，宽 133 厘米，高 212 厘米

张之先捐赠

床楣主图案为“蔡状元修洛阳桥”的民间传说。传说讲述一位蔡姓书生高中状元后立志要在洛阳河上修一座便民桥，但其凭一己之力无法完成修桥工程，何仙姑（一说观音）在得知其志愿后，化作一聪慧貌美的女子来到洛阳河上，其言有能用元宝砸中船上龙头者则嫁其为妻，城中人纷纷尝试，很快即堆起来众多元宝，八仙中的铁拐李（一说为吕洞宾）此时亦前来协助最终将桥修成。画面正中为洛阳桥，桥左侧为八仙，右侧为蔡书生高中状元。桥下船上有一个船夫和一个道姑，船篷内有一锭元宝，三组图案正构成了传说的三个主情节。主图案左右雕饰凤凰牡丹、松鼠葡萄、博古清供、人物故事等纹饰。两侧门围对称雕人物故事、博古清供、凤穿牡丹、三羊开泰、蝙蝠衔灵芝、刘海戏金蟾等吉祥纹饰；抱鼓石式门围子浮雕“穆柯寨”（穆桂英与杨宗保）戏剧故事，并立有圆雕小插人。三弯腿足浅浮雕象首、莲瓣、吉磬纹。

1. 蔡襄（1012 ~ 1067 年）在福建是一个传奇人物，特别是他营建洛阳桥的事迹，更派生出许多传说故事。地方戏有《蔡状元造洛阳桥》剧目。

金漆木雕人物故事纹架子床

清

长 209 厘米，宽 134 厘米，高 214 厘米

张之先捐赠

床楣居中主图案为加官进禄，雕有捧冠、引路、骑麒麟等人物，寓意科考及第，加冠升官。床楣两侧向门围伸展，雕微缩版江南风景图，有桥、河、舟、莲、城楼、亭阁、古松、奇石、花草、人物等，以河流贯穿全图。床楣与门围边沿则雕饰寿字、飞蝠、寿桃、玉书、古画、和合二仙等吉祥图案。

床梃宽厚，居中为菱角形[①]开光浮雕麟吐玉书，左右以圆形开光雕龙凤呈祥。床腿雕象首、麒麟喜鹊、凤凰麒麟，寓意喜象升平、抬头见喜、凤鸣麟出、富贵吉祥。

①菱角被誉为"江南水八仙"之一，野生菱多为四角，栽培种四角菱在江浙地区较多见。两个尖尖的角仿佛弯弯的牛角，远远看去又像是个"金元宝"，故而菱角还有"聪明伶俐、财运滚滚"的美好寓意。

朱金木雕人物故事纹架子床

清

长 211 厘米，宽 155 厘米，高 218 厘米

张之先捐赠

浙东宁海风格。床通体髹红色大漆，雕工精细，并贴金处理，承载了浙东地区典型的婚嫁文化和崇金尚红的审美习俗。四角立柱，前两柱为圆柱，有柱础，床前左右立扶手柱。床上部四面都装有挂檐，正面床楣浮雕多幅婴戏等人物故事图，其余三面皆通雕卷草纹。三面床围通雕卷草纹。

朱金木雕人物故事纹架子床

清
长 217 厘米，宽 155 厘米，高 215 厘米
张之先捐赠

柱顶横枨浮雕花卉、草龙、蜻蜓、蟋蟀、蚱蜢、回纹，并嵌有四颗蓝色琉璃珠，犹如蓝宝石。床楣、床围采用朱金浮雕和通雕以及圆形、梯形、长方形倭角等多种开光形式，雕饰习武、婴戏、妇孺、五子夺魁、才子佳人等人物故事。扶手柱上有圆雕小狮相望。三面床围雕有花果、蝙蝠、瓶花、吉磬、方胜等吉祥纹饰。

雕松鹿瑞兽人物故事纹架子床

清

长 214 厘米，宽 155 厘米，高 244 厘米

张之先捐赠

宁式风格。毗卢帽酷似浙东女子出嫁时所戴凤冠，雕饰精美，扇形开光为中心呈左右对称，柱头葫芦形。床罩采用“一根藤”工艺结合木雕桃、梅、石榴、佛手、蝴蝶、松鹤、松鹿、凤凰牡丹、老鼠葡萄、天官赐福等卡子花（宁波当地特称“吉子”）。三面床围以黑漆为地，绘梨、李、桃、石榴、佛手等瓜果图，寄托了福禄长寿、富贵吉祥、多子多孙等美好寓意。

雕人物故事纹架子床

清

长 211 厘米，宽 144 厘米，高 212 厘米

张之先捐赠

床楣采用“一根藤”制作工艺，串联起妇孺、唐明皇游月宫等人物故事纹花板，以及蝙蝠、蝴蝶、蜻蜓、灵芝、石榴、松鹿、老鼠葡萄、寿字纹等吉子。各种图案均蕴含着对夫妻多子、多福、多寿的美好祝福。左右门围子雕竹节纹及读书、听琴图。

雕《二十四孝》故事纹架子床

清

长 215 厘米，宽 169 厘米，高 217 厘米

张之先捐赠

后床围

左床围

床为六柱式，六根立柱做两炷香线，门柱上端浮雕卷草纹，做榫卯与楣板套接。

床围双面皆有雕花，外侧浮雕花卉纹，内侧连环画式浮雕婴戏图，题材多样，内容丰富，有舞龙、耍狮、点炮、摔跤、搓澡、采莲、夺魁、叠罗汉、放风筝、骑牛牧笛等诸多妙趣横生场景，寓意连生贵子、百子千孙。

床座边框厚拙，中部凸起做皮条线加洼，侧面做成冰盘沿式，下敛压边线，无束腰。床腿粗硕，牙板沿边起扁平阳线，往内翘起兜回衍化为拐子纹，中间浮雕描金一对草龙，龙爪及龙尾均为卷草形，口衔香草，行云缭绕，流畅舒展。

雕《西厢记》故事纹架子床

清

长 214 厘米，宽 170 厘米，高 214 厘米

张之先捐赠

床通体以黑漆作底，综合运用扇形、圆形、菱角形、十字形、卷轴形等开光，连环画式雕饰僧房假寓、月下焚香、乘夜逾墙、红娘请宴、自荐枕席、草桥惊梦、衣锦还乡等《西厢记》故事以及采荷、折枝、点炮、五子夺魁等婴戏图，并以缠枝花卉纹环绕，使画面整体更为饱满。床围为仿明式样，花板将底填黑，使木呈两色，形成反差，以圆形花板浮雕荷花、“四君子纹”（梅、兰、竹、菊）、“三多纹”（桃、石榴、佛手）等花果纹并通雕草龙纹伴左右。床梃之下束腰处以竹节形矮佬界出多格，格内花板通雕缠枝花卉纹；牙板浮雕菱角、卷草、竹叶、蝴蝶等纹饰；牙条与腿足间形成壶门形，腿足肩部浮雕蝙蝠衔佩纹。以上所纹饰寓意吉祥，寄托了人们对美好爱情、多子多福的期盼以及对雅趣生活、清高品德的追求。

浮雕《西厢记》人物故事纹架子床

清

长 219 厘米，宽 193 厘米，高 218 厘米

张之先捐赠

朱金木雕花鸟鱼兽纹架子床

清

长 220 厘米，宽 125 厘米，高 260 厘米

张之先捐赠

花梨骨木镶嵌花鸟纹架子床

民国

长 210 厘米，宽 155 厘米，高 250 厘米

张之先捐赠

宁式风格。正面主要以花梨木整板打造，采用宁波的传统做法“骨木镶嵌”和“一根藤”工艺。顶上毗卢帽框内画已失。床楣装饰花鸟、博古等吉祥图案，中部有“富贵到白头”等字。门罩左右两侧镜框内画已失，门围子雕刘海金蟾、和合二仙，寓意财源兴旺、“和合生财”、和美幸福。床腿肩部雕兽面，足下为兽爪。整个架子床用料精细，做工考究，造型较清代典型的繁缛富丽风格显得简练端庄、古朴大方，又在细节处见匠心独运、巧嵌精雕。

朱金通雕花卉凤鸟纹“鸾凤相和”架子床

清

长 218 厘米，宽 133 厘米，高 234 厘米

张之先捐赠

花梨木嵌骨人物故事纹架子床

民国

长 205 厘米、宽 142 厘米、高 213 厘米

张之先捐赠

宁式风格。床楣骨木镶嵌人物故事纹。门围子对称雕双鹿。毗卢帽内嵌纸本“梅兰竹菊”粉彩画，中间为兰花图，现已缺失。

金漆木雕人物故事纹架子床

清

长 217 厘米，宽 124 厘米，高 224 厘米

张之先捐赠

六柱架子床。毗卢帽采用多种开光，内嵌葡萄、兰花等花卉图，现仅存三幅。床楣黑漆为地，开光浮雕习武、鹿鸣、天官赐福等纹饰，开光之外饰以花卉纹。两侧门围对称雕童子、飞蝠、宝瓶、梅花、卍字、郭子仪携子上朝等纹饰。

榉木雕人物故事纹架子床

民国

长 213 厘米，宽 148 厘米，高 247 厘米

张之先捐赠

床采用榉木，综合运用浮雕、圆雕、通雕等木雕工艺和“一根藤”结合“吉子”工艺以及“开光”“镶嵌画”等装饰技法。月洞式床罩浮雕妇孺、折枝、戏水、读书、习武等生活场景，并嵌有梅花、花篮、瓶花、佛手、凤凰牡丹等“吉子”。左右门柱上部原有支撑卷棚的撑拱，现已缺失。床前附一榻，以八只矮足支撑。

朱金通雕凤凰松鹤纹架子床

民国

长 221 厘米，宽 126 厘米，高 253 厘米

张之先捐赠

床整体以《诗经》“鹤鸣于九皋，声闻于天”立意，雕饰鹤纹。鹤为阳鸟，在中国文化中是长寿与升仙的祥鸟。

门罩以红漆海棠纹为地，雕饰松鹤、凤凰牡丹纹。床楣朱金浮雕鱼藻、鹤鹿、喜鹊梅花、鸳鸯戏莲、锦鸡牡丹等纹饰，寓意年年有余、鹤鹿同春、喜上眉梢、一路连科、富贵吉祥。门围子雕狮、犬、兔、凤、鸡等动物，皆成对出现，并雕有香瓜，柱头为圆雕狮子。床里柜两抽屉间通雕飞鹤、花鸟纹。

朱金木雕人物故事纹架子床

清

长 211 厘米，宽 168 厘米，高 234 厘米

张之先捐赠

床制作精良，构图巧妙，开光变化多。床围下部裙板描金漆绘花卉图，中层绦环板长方形倭角开光浮雕花枝纹，上部景窗嵌海棠形卡子花并镶蓝色料珠，还巧妙设计了可活动的插板，既方便透光通风，又能保证床内的私密性。

飘檐浮雕双犬、母子鹿、双狮戏球、绶带牡丹、喜鹊梅花、博古清供以及幽会、婴戏点炮等人物故事，每层下方的牙条饰以通雕卷草、回纹；倒挂柱嵌有小插人、小插兽，最下层中部应有小床匾，现已缺失。床楣为通雕双凤朝阳纹，两端浮雕院落尘扫等生活图景，中部原应镶嵌有避邪的乾坤镜，现已缺失。两侧门围左右对称，上部椭圆形开光浮雕“艳阳楼”“明皇游月宫”人物故事纹，四周饰以卷草、蝴蝶、回纹等；其上方绦环板海棠形开光浮雕民居风景图，开光外髹白漆，绘竹叶纹；其下方绦环板浮雕双鱼纹；下部裙板为正方形开光浮雕婴戏图，开光外髹蚝漆。

金漆通雕花鸟纹床楣

民国

高 91 厘米，宽 191 厘米

床楣单层通雕。中央图案为一只瑞兽正在逗弄枝头上的喜鹊。鸟儿惊起，作展翅飞离状，其双翅展开，目视瑞兽，双爪下沉似乎一下秒便飞离枝头。生趣盎然的画面与藤蔓花枝营造出的动感相互呼应。瑞兽与喜鹊常常一同出现，象征“寿”“喜”，有抬头见喜、福寿延绵、喜乐安康等美好寓意。

金漆通雕花鸟纹床楣

民国

高 93 厘米，宽 199 厘米

床楣双层通雕。居中主图案为开光花鸟瑞兽图，为“寿喜”或“欢天喜地”题材，底层为卍字锦地纹，寓意万福绵延。两侧底纹为海棠纹，雕绶带鸟、牡丹花，寓意长寿、富贵。

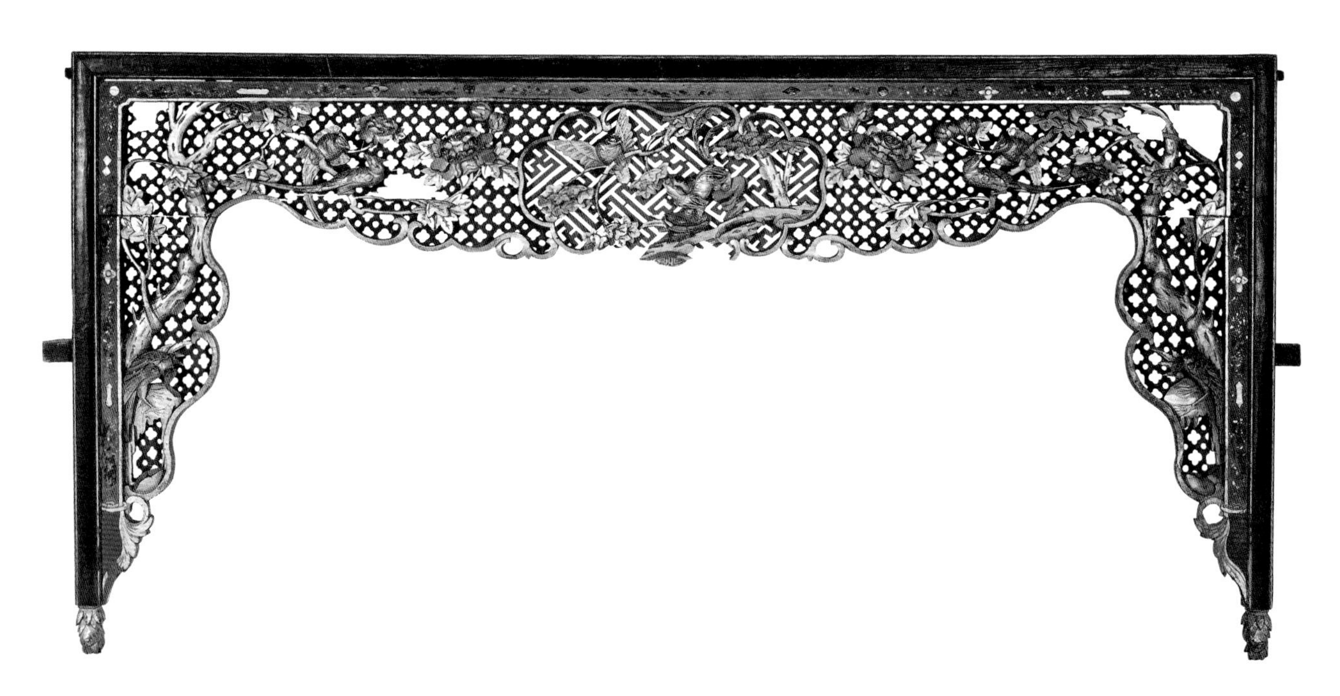

金漆通雕花鸟纹床楣

民国

高 73 厘米，宽 190 厘米

床楣雕饰内容以牡丹为主体，辅以喜鹊，寓意花开富贵、吉祥如意。整体为典型的左右对称构图，结构严谨，刀法浑厚，施以金漆配合盛放牡丹显得富丽堂皇。

金漆通雕鱼龙花鸟纹床楣

民国

高 45 厘米，宽 203 厘米

床楣左右花板金漆通雕花鸟图，中部雕饰飞蝠、鱼化龙，工匠巧妙地利用祥云做遮挡，将鲤鱼越过龙门幻化成龙的复杂过程浓缩在方寸之间。

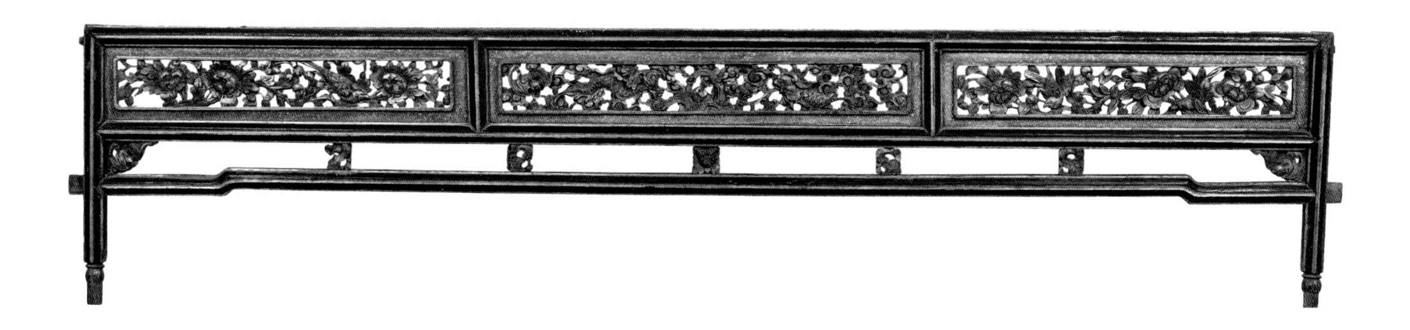

金漆通雕开光花鸟纹床楣

民国

纵 81 厘米，横 189 厘米

床楣采用单层通雕和多形式开光手法，左右雕鸳鸯荷花，寓意夫妻和美、携手相伴；中部雕相思鸟、松鹤团纹。团纹是常见的中国传统纹饰，有圆满、富足、幸福之意。

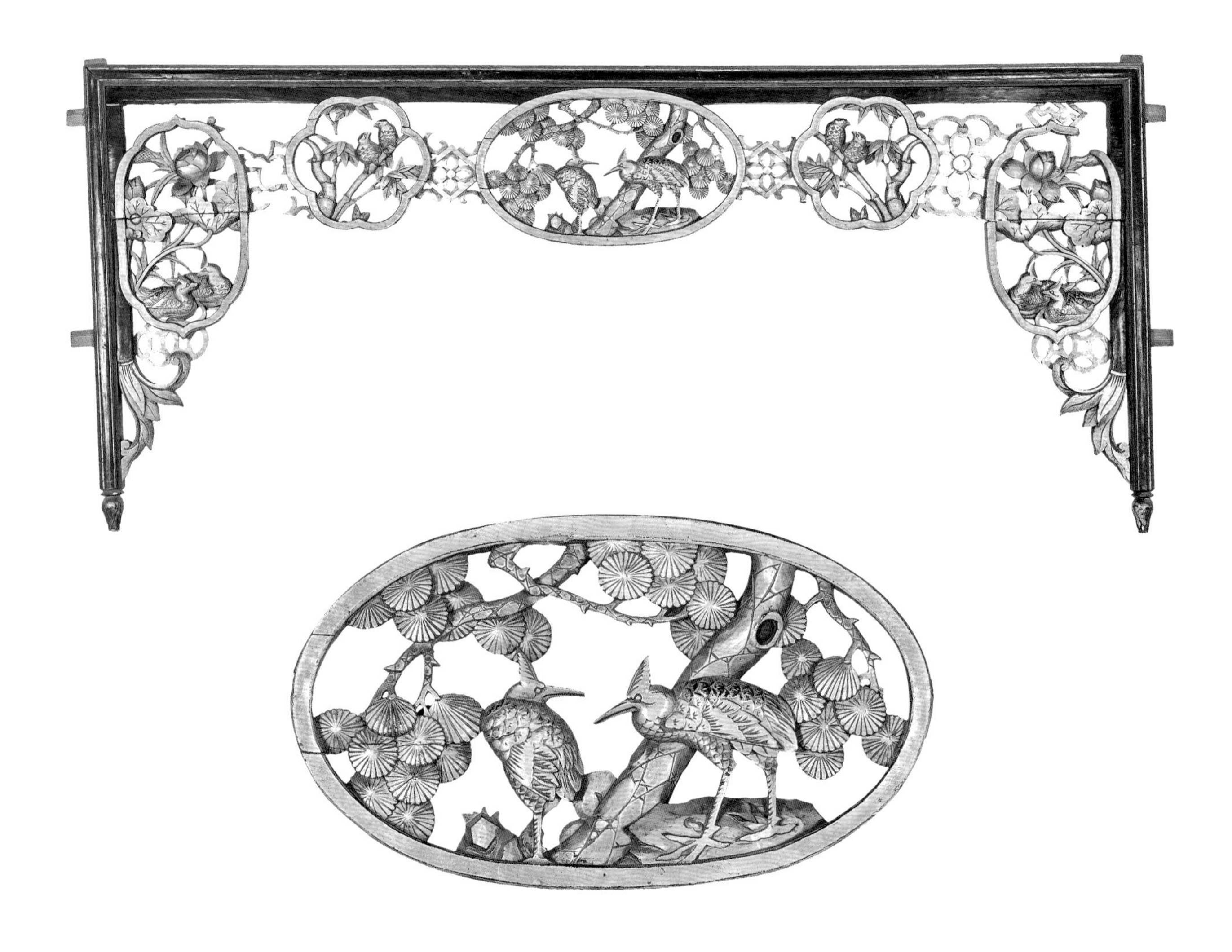

金漆通雕花鸟纹床楣

民国

高 43 厘米，宽 195 厘米

床楣图案可分为三段：左侧雕饰“松鼠葡萄”，寓意“多子多福”；中段雕饰“喜鹊梅花”，寓意“喜上眉梢”；右侧为蝙蝠纹，配以“福”“禄”“寿”字纹，缀以祥云，与蝙蝠融为一体，寓意“福来”“福到”。

金漆开光浮雕瓶花纹床楣

民国

高 51 厘米、宽 190 厘米

床楣雕工朴拙，红、黑、绿、金的色彩组合呈现出沉稳而喜庆的气氛。上部以彩绘花鸟纹为底，再以开光形式镶嵌浅浮雕花卉纹圆形花板。下部罗锅枨两端上下分别嵌有飞鹤、龙纹角花。

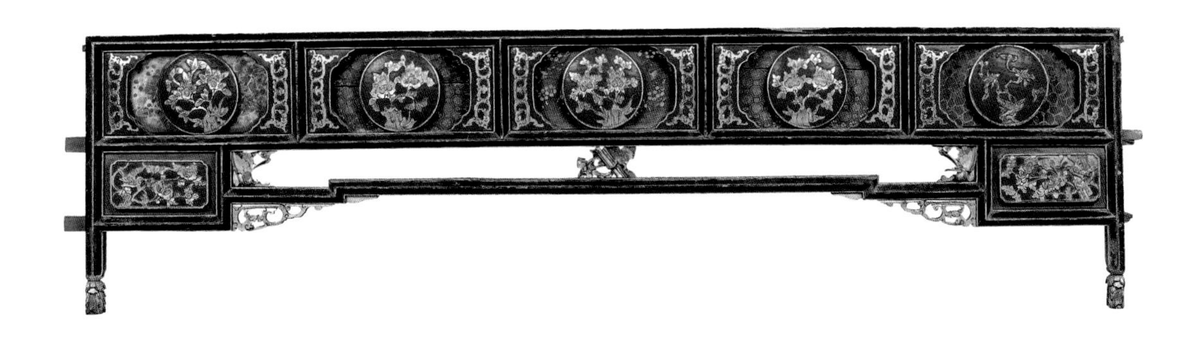

彩绘通雕花鸟瑞兽纹床楣

民国

高 67 厘米、宽 191 厘米

床楣上部自左至右依次通雕喜上眉梢、鸟雀菊花、麒麟杂宝、凤凰牡丹、鸳鸯贵子，并雕篆字“福”“寿”“喜”；下部雕双龙戏珠以及飞蝠、佛手、石榴、古钱等博古静物，寓意高雅、吉祥。

通雕福禄寿三星纹床楣

民国

高 41.5 厘米、宽 192 厘米

床楣通雕垂钓、访友、天官赐福、魁星点斗、福禄寿三星等人物故事纹。

通雕花鸟龙纹床楣

民国

高 71 厘米，宽 191 厘米

床楣中间雕双龙戏珠，寓意吉祥。左右两侧分别雕鸟雀葡萄、喜鹊梅花，朴素中有彰显喜庆、富贵之意。

金漆浮雕院落舞蹈纹床楣

民国

高 29 厘米，宽 200 厘米

床楣木雕刀法简练，风格粗犷。工匠吸取了生活中常见的建筑、园林山石形象，雕饰入画。画面中部的院落设计，凸显出人物的关联性，雕饰的人物形态各异，造型生动，营造出一种欢乐的氛围。

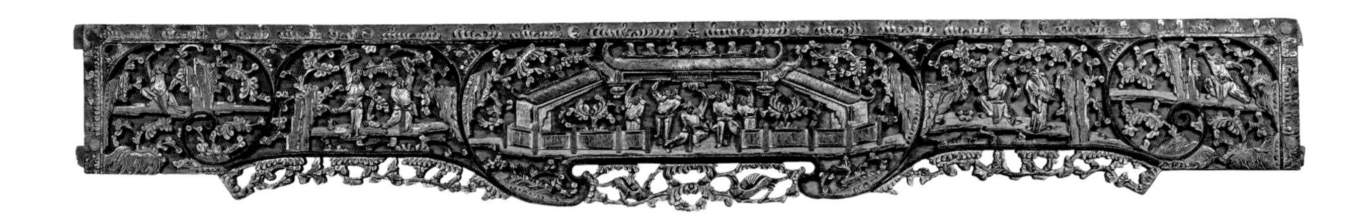

金漆浮雕花鸟瑞兽纹床楣

民国

高 48 厘米，宽 202 厘米

床楣采用浮雕手法，画面由七块花板组成，雕饰平铺直叙，内容丰富。左右两侧雕松、鹤、竹、梅、鹿，寓意长寿。中间花板雕喜鹊、梅花、牡丹、博古图，既有花开富贵、吉祥如意的美好寓意，又彰显祥和儒雅的意味。

金漆浮雕花鸟博古图床楣

民国

高 48 厘米，宽 199 厘米

床楣金漆浮雕蝶恋花、喜上眉梢、博古清供等，并饰有福禄寿（蝠、鹿、寿桃）纹卡子花和鱼龙纹角花，取材高雅，寓意吉祥。

床榻
专题探索

华榻清风

——深圳博物馆藏张之先捐赠古床略述　王昌武

2019 年 12 月，深圳博物馆入藏了一批清代至民国古床。其款式多样，工艺精美，雕饰繁复，整体展示时颇具规模，丰富了深圳博物馆在民俗家具方面的收藏。以下，通过查阅文献档案、实地调查考证，对这批古床的来源、形制、历史价值进行分析研究。

一、流转递藏经过

张之先捐赠的古床一共 34 张，原为安徽肥西娄安庆（今三河民俗博物馆馆长）旧藏。2005 年 4 月，被送去扬州个园，在准提寺“扬州民间收藏展览馆”展出后被个园收藏。2012 年，为深圳市民张之先购得。2019 年 12 月 20 日，张之先将其捐赠给深圳博物馆。

张之先，1946 年出生，祖籍四川内江，著名国画大师张大千侄孙。张之先的古道侠肠，在深圳文化圈广为人知。20 世纪 90 年代，“他的八仙楼和艺术家画廊是深圳和外地书画艺术家、文人们进行联谊、研讨、交流的艺术沙龙。”[①]他爱好摄影，尤其对人物肖像和荷花摄影情有独钟，曾举办“书画圈人——肖象摄影艺术展”“张之先荷花摄影艺术展”“岁月如歌——深圳文化艺术开拓者肖像展”，结集出版有《张之先荷花摄影集》《荷塘异象与人生忆想》《荷花摄影随笔》等影集。他热心公益事业，资助贫困山区的失学儿童，倡导创建深圳第一家敬老摄影工作室，免费为辖区 70 岁以上长者拍摄艺术形象照片，曾获评“福田好公民”“深圳最美长者”。

据张老自述：2012 年，他到扬州筹办星云大师展览，偶然发现个园管理处有一批古床在拍卖。他深知这是难得的珍品，说服妻子后，他花费大价钱买下 30 余张。同年 7 月，古床被运回深圳，先存放在沙井利盟木器公司库房里。2013 年 1 月，应深圳艺术家詹志锋邀请，古床被运至坂田手造街在张宝萍（詹志锋学生）山水画会场地展出一年。2014 年 1 月，古床被运回沙井。2016 年 4 月，由于沙井工厂拆迁库房，他将古床搬到珠海盛宝博物馆底层组装展出。2019 年 5 月，由于珠海盛宝博物馆属于民间个人收藏，所租场地“房改”，古床被存放至珠海跨境工业区珠海园区益源大厦一处闲置写字楼里。

2019 年 11 月，张之先考虑到年事已高，为了不让这批珍贵的古床散失（曾有商人出高价希望购买其中的精美花板构件，被他断然拒绝），他在福田区南园街道文化站史巧云站长的牵线搭桥下，决定将其捐赠给深圳博物馆。同年 12 月 17 日，深圳博物馆派出的专家团队和专业的文物运输公司人员一同赴珠海，经过四天的加班加点进行拆卸、包装、搬运、装车，20 日晚古床顺利运回深圳，连夜入藏库房。至此，这批古床结束了四处辗转折腾、多次拆装受损的命运。

珠海古床拆卸现场

2020 年 5 月 18 日，深圳博物馆专门为张之先举办了古床捐赠仪式（图 1）。蔡惠尧副馆长代表深圳博物馆向张之先颁发《捐赠证书》，对他的捐赠善举表示高度肯定和感谢，并表示博物馆必将不负厚爱与信任，对古床进行研究解读，策划主题展览，讲好古床故事，让文物“活”起来。

出席捐赠仪式的嘉宾合影

事实上，张之先与深圳博物馆颇有渊源、关系密切。1991 年，他来深圳创业，开办的“八仙楼”川菜馆位于博物馆对面的巴登街，店名“八仙楼”正是博物馆书法家罗力生老师所题，当时博物馆不少人都和他有过交往。2013 年 12 月 27 日，“万里江山频入梦——两岸张大千辞世三十周年纪念展”在深圳博物馆历史民俗馆开幕。不久，张之先受邀到馆开设题为“张大千的情和义”的讲座。②

二、地域风格与形制结构

这批古床用料就地取材，其材质以樟木为主，亦有松木、榉木、花梨木、黄杨木、银杏木等。樟木广泛分布于我国长江以南及西南地区，具有木质柔润、坚韧度适中、防虫蛀等优点，适宜雕刻精细的花板，常用来制作床楣、门罩等构件。

2019 年 11 月，专家组鉴定时，根据古床的用料、雕工技法、图案纹饰，认为古床的制作年代为清末民国时期，大部分为江浙等沿海地区家具，地域特征明显。

之后，经张之先引荐，笔者与古床原收藏者娄安庆取得联系，并前往安徽省肥西县三河镇实地走访。娄先生称，他是从 20 世纪 80 年代在皖南山区进行摄影创作时走上的收藏之路。一开始，他只买精美木雕家具构件，后来发现这是“破坏性收藏”。所以，他再去皖南时，就开始收整张雕花床和一些其他家具。“我第一件完整的藏品就是雕花床。”到了 2005 年，他已藏有上百张整床，也因此倾尽财力、负债累累。他收藏雕花架子床的范围主要是以徽州为中心，辐射周边省、市、县。因此，所收古床的风格有浙、赣作工，有湘、闽风格。[③]深圳博物馆入藏的古床正是他多年四处收集而来的一部分。

2024 年 5 月 17 日，笔者在安徽桐城与娄安庆先生合影

这批古床有罗汉床（1 张）、架子床（29 张）和拔步床（4 张）三种形制，具体如下：

1. 罗汉床

一种坐卧两用的家具，由汉代的榻逐渐演变而来，经过五代和宋元时期的发展，形体由小变大，成为可供数人同坐的大榻，后来人们又在榻面上加了围子，而成为罗汉床。[④]明清以后，罗汉床逐渐变成小憩、待客的工具。除了厅堂、卧室使用以外，常被文人雅士置于书斋，用以阅读经史、观赏书画、赏玩古董。

民国黑漆描金山水诗文罗汉床

此罗汉床可能出自浙南、福建一带。其造型奇特，前有底座，兼具脚踏功能，后以条凳支撑，与一般的罗汉床不同。通体以黑漆做地，间以红、绿、金漆，沉稳静谧，富有层次。三屏式书卷围子，犹如一幅流动的长卷，蜿蜒舒卷，起伏叠错。画面内容丰富，以文人生活为主题，描金漆绘山水、人物、花鸟、诗文等；内凹处嵌金漆镂雕花鸟图；底部则绿漆为地，金漆浮雕花卉图；两端卷面金漆浮雕清供瓶花，卷轴顶立圆雕小狮。床面攒框铺板，膛肚牙板镂雕拐子龙纹。前腿厚重，呈象鼻形，弯曲有度，浮雕花卉、卷草纹，阳线及浮雕均描金，并承之以压脚狮。

2. 架子床

通常四角安立柱，柱顶起盖，顶盖四周装楣板和倒挂牙子，床面的两侧和后面装围栏。因为床上有顶架，故名“架子床”。⑤

这批古床中，绝大多数为架子床，式样颇多，结构精巧，装饰精美，从中可以看出不同地区架子床的不同装饰风格。这类装饰华美的架子床，在安徽、浙江、福建等南方地区也称“雕花床”。

这些架子床主要由床顶、床楣、床柱、床围、床面、牙板、腿足等构成，有的束腰，有的正面还装有门围子。床柱以四柱为主，六柱少量；腿足以方材直足为多，并好雕兽面、象首、凤凰、麒麟、螺旋、人物故事等纹饰，亦有矮足、马蹄腿、三弯腿、膨腿外翻马蹄足等腿型。

除了上述基本构件外，有的架子床在后床围之上配床里柜。古人认为，床上是藏金之处。因此，除了在床屉、漆皮枕等处藏贵重首饰、银票外，再设床里柜放置生活用品。总的来看，这些床里柜主要有搁架式和柜格式两种形制。搁架式是以搁板两头搭在左右横枨或侧围屏中部使用，一般整体靠床里，案板之下附有小抽屉可放置小物件，板面之上则陈放衣物等；柜格式则柜体较高，内部分层，一般开四到六扇柜门，柜整体在搁板之上，可收纳较多物品。

民国朱金木雕人物故事纹架子床

民国黑漆描金花鸟人物故事纹柜格式床里柜

3. 拔步床

这是中国特有的家具，其造型独特、体量庞大、结构复杂，主要流行于明清时期南方地区。明代《鲁班经》上称之为“大床”。后人又称“八步床”“踏板床”。江浙一带称“千工床”，因其用料多，制作工时长、工艺精。从结构上看，拔步床由前后两部分组成。后部为卧床本体，是一张架子床；前部称为拔步，又叫踏步、踏板，旧时可放置马桶、小橱、洗脸架等。

这批古床中有 4 张拔步床，可分为廊挂式和围廊式两种。前者是早期的一种拔步床，没有围屏，设横枨，方便挂衣物。后者的踏板上设架如屋，有门、飘檐、围屏，如“房中之房”，可藏风聚气。这是中国传统居所明堂暗室的写照，还可从中窥见中国古代建筑技术对拔步床制作的影响。其制作讲究，每床必施雕饰，且往往融合了雕刻、漆绘、镶嵌、螺钿等工艺。其中清朱金木雕人物故事纹拔步床、民国花梨骨木镶嵌拔步床是宁式（甬作）拔步床的两种样式。

清朱金木雕人物故事纹拔步床

民国花梨木骨木镶嵌人物故事纹拔步床

三、历史价值探析

作为寝闼深闺之物，床榻平常深藏于民居之中，并不见诸于大庭广众之下。随着老人逝去、人去床空及社会变迁、旧城改造、房屋拆迁，藤棚洞穿的华丽床榻，零散的雕花金漆床楣、门围、槅扇，或流落于旧货市场之中，或成为时代的弃物，星散于各地街头。

20 世纪 80 年代开始，有人认识到古床的价值，尽个人之力，出资收藏。有的是利益使然，希望日后增值，也有人是为了保存和抢救文物。于是，全国出现了古床收藏热。之后，有的有识之士，还专门筹建了古床博物馆

（表 1），对古床进行研究、展示，使得流失街头的古床有所依归。

表 1 国内集中收藏床榻的非国有博物馆（不完全统计）

序号	机构名称	地址	成立时间	古床数量	备注
1	北京金漆镶嵌厂（今北京金漆镶嵌有限责任公司）	北京朝阳	1956 年	100 余张	
2	三河民俗博物馆	安徽肥西三河	2005 年	50 余张	娄安庆
3	德化堂古床博物馆	安徽马鞍山	2011 年	300 余张	刘维
4	台州府城民俗博物馆	浙江临海	2010 年	200 多张	
5	十里红妆博物馆	浙江宁波宁海	2003 年	约 30 张	何晓道
6	江南百床馆	浙江嘉兴桐乡		近 30 张	
7	同里古风园床榻馆	江苏苏州吴江		100 余张	赵祖武
8	六悦博物馆	江苏苏州吴江		近 50 张	赵祖武
9	床楣博物馆	江苏镇江	2004 年	20 多件	戴树
10	古床文化博物馆	江西抚州黎川		30 多张	
11	临沂天泽木文化博物馆	山东临沂	2014 年	230 多张	姜开峰
12	龙园古床博物馆	山东临沂			
13	济宁任城古床榻博物馆	山东济宁任城	2015 年	200 余张	
14	曲阜清代床榻博物馆	山东曲阜	2015 年	完整 40 余张，散件 500 余件	
15	郸城中州古床博物馆	河南郸城	2010 年	100 余张	闫振宇
16	桃源工艺术博物馆	湖南常德桃源		100 余张	
17	大珍堂家具石刻艺术博物馆	四川成都	2013 年	约 60 张	岳照贵
18	四川汉室古床博物馆	四川成都	2016 年	360 余张	刘均

调查发现，除上表外，观复博物馆、宁海十里红妆博物馆、南京正大古典家具博物馆、南通通有明清家具博物馆、云南精楷明清家具博物馆、香港嘉木堂等机构亦收藏有数量不等的床榻。那么，全国各地非国有博物馆收藏的完整床榻数量应不少于 2000 张，床楣等散件更是不计其数。他们一般是根据自身地理位置，多以收藏本地及周边地区的床具为主。可见，非国有博物馆已成为床榻收藏、研究、展示的重要力量。因为，床榻收藏并不容易。一是运输困难，古床每拆装、搬运一次都会损伤；二是存放不易，古床占用库房较大空间，特别是拔步床犹如一间房。

而国有博物馆亦重视床榻及相关民俗文物的收藏，如故宫博物院、上海博物馆、广东省博物馆、深圳博物馆、重庆巴渝民俗博物馆都收藏有精美的床榻。其中，深圳博物馆原有整床20余张，床楣、门围子等构件300余件，主要来自20世纪90年代至21世纪初，黄崇岳、杨耀林等前辈多次赴梅州、兴宁等地分批征集。2019年，张之先捐赠的34张古床，使深圳博物馆床榻典藏具有了相当规模，形成了特色。

张之先的这批古床入藏后，深圳博物馆组织专业人员对这批床榻文物进行消杀、安装、拍照、解读，并梳理馆藏相关民俗文物，策划了"坐卧安寝——深圳博物馆藏床榻精品展"。该展览将于2024年8月23日至11月24日在深圳博物馆同心路馆（古代艺术）举办，并将出版《坐卧安寝——深圳博物馆藏床榻展示与床榻文化研究》和推出展览配套宣传推广和社会教育活动，希望能让观众领略中国特有的床榻文化。

事实上，早在2005年，这批古床在扬州个园展出时，曾被东南大学艺术学院尹文教授关注到。他实地参观考察，潜心研究。2010年，尹文教授著《中国床榻艺术史》一书出版发行，书中收录了这批古床的部分图片。他认为，"中国古代床榻是艺术与技术结合的典范""床榻艺术品作为历史文化的载体则需要抢救"。⑥

物因人造，事因人成。床的故事其实也是人的故事。古床既是人安卧偃息之所，又是抚育后代之处。这批古床张张有雕刻，件件有画工，体现了古代工匠精美绝伦的雕刻、髹漆传统工艺美术水平。其床楣、门围、围栏等雕饰以及床额匾文，无不具有成教化、助人伦、与六籍同功、四时并用之义，承载了中华民族诗礼传家的儒家风貌，寄托了百姓的家庭幸福观、人生价值观与人生理想。

四、结语

留存历史，典藏万象。自1981年建馆以来，深圳博物馆通过考古发掘、国家调拨、馆际交流、缉私文物、征集购买、社会捐赠、文物托管等多种途径，形成了特色鲜明的藏品体系。其中社会捐赠文物占有十分重要的地位。张之先捐赠的34张古床，极大提升了深圳博物馆藏床榻数量和质量，其善举有力支持了深圳博物馆事业发展。

这批古床原为安徽娄安庆旧藏，曾在扬州个园展出并被个园收藏；地域特征明显，以安徽、浙江、江西等省份为主；形制有罗汉床、架子床、拔步床三种，以架子床居多。这批古床是乡土民俗生活的宝贵遗存，是历史文化的见证，是了解历史、学习传统、研究民情风俗的珍贵实物。

参考文献：

① 戈林才：《献身艺术 甘作桥梁——记艺术大师张大千侄孙深圳艺术家画廊经理张之先》，《中国人才》1999年第2期，第27页。

② 深圳博物馆编：《深博四十年（1981-2021）》，2021年，第314页。

③ 娄安庆：《千里寻觅话古床》，《收藏界》2004年第3期，第16页。

④ 张福昌：《中国民俗家具》，浙江摄影出版社，2005年，第66页。

⑤ 胡德生：《浅谈历代的床和席》，《故宫博物院院刊》，1988年，第1期，第72页。

⑥ 尹文：《中国床榻艺术史》，东南大学出版社，2010年，第141页。

幸福密语

——传统床榻纹饰中隐藏的幸福观　吴翠明

本文以深圳博物馆收藏的清代与民国时期的床榻为例，通过分析这些藏品的纹饰，含木雕、骨雕、漆绘、书画及其他装饰艺术题材，探讨中国民间传统的幸福观。

在清代和民国时期，床榻的使用者多数为普通百姓，床榻的制作者即工匠群体，也属于劳苦大众，他们中绝大部分是不识字的。这部分群体的文化叙事和愿景表达，一般通过口述史、图像史及相关仪式、民俗等来实现。床榻纹饰多为日常所见、所用，装饰纹样、图案为百姓所喜闻乐见，体现了传统民间信仰、民俗风情、民间工艺、民族审美的独特面貌。本文通过对床榻中大量出现的装饰图案和吉祥纹样进行分类、比对、释读、归纳，尝试进行符号类型和象征意义的分析。以艺术形式呈现的图像与装饰，是特定历史时期普通民众传承文化的一种方式，是以非文字形式书写的文化史和心灵史。传统床榻纹饰集中地体现了劳动人民传统的幸福观。这些隐藏在床榻装饰的雕刻、图画中的对幸福观的表达，笔者称之为“幸福密语”。

幸福观是指人们对幸福的根本看法和态度，是人生观在幸福问题上的特殊表现，是人生观的重要组成部分。幸福观受特定时代和当时社会条件的影响。中国传统文化有“五福”一说。《尚书 · 洪范》记载的五福：一曰寿，二曰富，三曰康宁，四曰攸好德，五曰考终命。东汉桓谭在《新论》将五福定义为：寿、富、贵、安乐、子孙众多。中国传统文化中，蝙蝠的蝠与福同音，因此成为了好运和幸福的象征。民间常见的“五福（蝠）临门”，图像通常由五只蝙蝠组成，代表五福。传统习俗中，五福合起来就构成了幸福美满的人生图景。

深圳博物馆收藏的床榻，艺术装饰种类以金漆木雕、描金漆绘为主，兼有骨木镶嵌、木雕彩绘、彩漆画、纸（绢）本书画、一根藤、嵌料（玻璃）等。装饰题材大致涉及四类：吉祥物象——人格化的自然界；伦理教化——模式化的人类社会；神仙世界——理想化的超自然界；象征系统——符号化的装饰纹样。纹饰所用元素和组合方式，大多是图谱化和程式化的，几乎都有寓意，折射出劳动大众向往的理想社会和幸福生活。

针对“图必有意，意必吉祥”这一特点，可以对床榻纹饰图像进行符号学和象征意义分析，笔者将这种与幸福观密切相关的图像分以下几类。

金漆通雕人物故事纹架子床，床楣局部五福图

金漆通雕五福拱寿纹花板（架子床帐顶构件）

一、中国式伴侣的浪漫与责任："天下有情人终成眷属"的爱情观，"愿得一心人，白首不相离"的婚姻观

在传统习俗里，一般要提前为新婚夫妻打制一张大床，婚床作为婚房里最重要的家具，既是家庭的一项重要财产，同时也饱含了对新婚夫妻的无限祝福，其纹饰集中体现了传统的爱情观和婚姻观。

才子佳人类型的戏剧故事，是床榻中人物故事类装饰图像的常见题材，往往以多图组合表达一个完整故事，类似连环画的情节，比如"西厢记""陈三五娘"（又叫"荔镜记"），往往有一见钟情的浪漫桥段，曲折跌宕的戏剧冲突过程，以及克服重重困难考验后的大团圆结局，生动地表达了一种美好的爱情观——天下有情人终成眷属。

少年武将和巾帼英雄的爱情故事也是很受欢迎的装饰图像，例如杨宗保与穆桂英、薛丁山与樊梨花等戏剧主角，通过设计一系列不打不相识、势均力敌、惺惺相惜、相爱相杀、携手保家卫国建功立业的情节桥段，最后爱情和事业双丰收的大结局，也是老百姓喜闻乐见的题材。

仙凡恋题材充分体现了老百姓丰富的想象力，以及对神仙眷侣的向往，体现在床榻装饰里，常见题材有"唐明皇游月宫"（嫦娥在戏剧"长生殿"里为杨贵妃的前身）、"白蛇传"、"牛郎织女"、"萧史弄玉"等。

朱金木雕人物故事纹拔步床，隔扇门裙板描金漆绘"西厢记•张生跳墙"

朱金木雕西厢记故事纹架子床，局部图"西厢记•月下焚香"

朱金木雕西厢记故事纹架子床，局部图"西厢记•草桥惊梦"

朱金木雕描金人物故事纹架子床，局部描金漆绘“陈三五娘”（又名“荔镜记”）之“陈三磨镜为奴”

朱金木雕人物故事花鸟纹架子床，凤鸟象鼻纹三弯腿，石榴开光“牛郎织女”（右为“赵子龙”）

朱金木雕人物故事纹架子床，床楣局部“杨宗保请穆桂英献出降龙木”

朱金木雕人物故事瑞兽纹架子床，局部“杨宗保穆桂英”故事（左、右）

“愿得一心人，白首不相离”，在中国传统婚姻观里，从一而终是忠贞美德，白头偕老是美满姻缘的终极追求。床榻装饰里有很多用于祝福夫妻和睦恩爱、成双成对的元素，如双凤、双鱼、双喜、鸳鸯、相思鸟等，以及招亲故事（如“刘备招亲”），并且大量出现满脸笑容、憨态可掬的“和合二仙”形象。和合二仙的原型为唐朝两位高僧“寒山”与“拾得”，清代以后被视为主管婚姻的吉祥神，在装饰图像里，通常一人手持并蒂荷花，意为“和”，一人手捧宝盒，意为“合”，寓意家庭和睦、婚姻美满。婚床大量出现和合二仙形象，以祝福新婚夫妇白头偕老，永结同心。

朱金木雕描金人物故事纹架子床
局部“白蛇传”之“白氏借伞”“盗库银”

朱金木雕人物故事纹架子床，局部“唐明皇游月宫”

木雕西厢记故事纹架子床，局部“萧史乘龙”“弄玉骑凤”

木雕人物故事纹架子床，局部“唐明皇游月宫”

朱金木雕人物故事花鸟纹架子床，床里柜局部“刘备招亲”“童子嬉戏”

朱金木雕花卉凤鸟纹“鸾凤相和”架子床，床罩局部双凤牡丹“鸾凤相和”

朱金木雕人物故事花鸟纹架子床，局部承尘（帐顶）囍字

朱金木雕麒麟元宝人物故事纹架子床，局部“和合二仙”（左、右）

花梨木骨木镶嵌花鸟纹架子床，局部“和合二仙”

二、中国式家族的兴旺与绵延：多子多福的生育观，百善孝为先的伦理观

在传统观念里，早生贵子、子嗣绵延，是人们对新婚夫妻最普遍也是最热烈的祝福，代表了家族对人丁兴旺、生生不息的期盼。多子多福的生育观在床榻装饰里体现得淋漓尽致，通常有“送子”“贵子”“多子”等寓意题材。“送子”题材如“麒麟送子”“仙姬送子”，“贵子”题材如“麟吐玉书”“鸳鸯贵子”，“多子”题材如“石榴”“苦瓜”“松（老）鼠葡萄”“百子图”，以及兼有“多子”“贵子”双重寓意的“五子登科”“五子夺魁”等。

“不孝有三，无后为大”，既是一种生育观，也是一种伦理观。“孝道”在传统伦理观和道德观里占据至高无上的地位，“百善孝为先”，这在床榻装饰题材里也多有体现，通过刻画各种孝子故事，比如二十四孝，以及奉亲、寻亲、行孝的戏剧故事，还有表现母慈子孝的婴戏图、教子图等，起到伦理教化的作用。

朱金木雕人物故事纹架子床，象鼻纹床腿及“白兔记”故事（左），象鼻纹床腿及“井边会”故事（右）

红漆木雕人物故事纹架子床，局部“五子夺魁”（左、中、右）

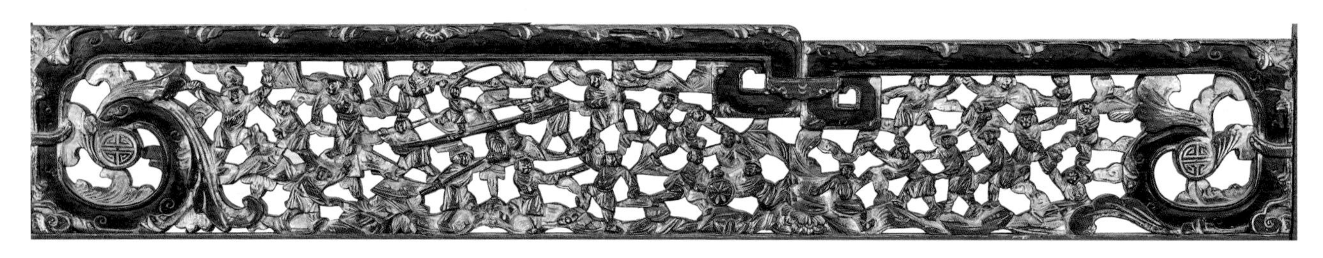

金漆通雕人物故事花鸟纹架子床，床围夔龙纹、寿字纹、百子纹

木雕人物故事纹架子床，局部婴戏图（左、右）

朱金木雕人物故事纹架子床，局部“拾椹供亲”“仙女送麟儿”“行佣奉母”

朱金木雕人物故事纹架子床，局部“状元行孝”图

花梨木骨木镶嵌人物故事花鸟纹拔步床，
局部黄杨木雕“仙姬送子”卡子花（左）

朱金木雕花卉纹浮雕人物故事纹架子床，床楣局部蝙蝠纹、老鼠葡萄纹、“仙姬送子”图

朱金木雕人物故事纹架子床，床腿“麒麟吐玉书”

朱金木雕人物故事纹架子床，局部“五子夺魁”

红漆木雕人物故事纹架子床，床楣局部“五子夺魁”

三、中国式人生赢家的脸谱与群像：建功立业、高官厚禄的事业观，富贵长寿、福荫后代的成功观

在儒家文化的传统价值观里，主张入世、积极、有为，为君分忧、为民造福、报效国家、建功立业，从而获得丰厚回报与嘉奖，如加官进爵、封侯拜相、飞黄腾达，从而实现个人价值与社会价值，这是一种个体利益与集体利益高度统一的事业观。这在床榻装饰题材里，表现为刻画很多名人、名臣、名将故事，既代表了普通民众对功名利禄的渴望，同时也是对后代的激励、教育与祝愿。

这种事业观同时也跟传统的成功观密切相关，一个中国式的人生赢家，或者叫典型的成功人士，他们往往前半生通过科考或者从军的道路，为国家为人民做出贡献，功勋卓著、道德垂范，后半生高官厚禄，享尽荣华富贵，长寿且家庭美满，并且将这种荣耀与福荫，一直惠泽子孙后代，世世代代传颂他的功德与美名。

“郭子仪祝寿”就是非常典型的例子。它是床榻乃至很多木雕家具里广泛流行的人物故事题材。郭子仪是唐代四朝元老，戎马一生，屡建奇功，有七子八婿在朝为官，其中一子是当朝驸马，每逢寿辰，子婿携子来贺，可谓官高位显、子孙满堂。用当代的话讲，郭子仪是古代老人渴望成为的“人生赢家”，代表着老百姓对建功立业、光宗耀祖、长寿富贵、子嗣兴旺、乐享天伦的追求。

床榻装饰艺术同时大量出现各种寓意赐福、富贵、长寿的元素，既有各种神仙形象，如代表赐福的天官，代表长寿的麻姑、寿星，代表吉祥的八仙，代表财富的刘海等，还有各种花鸟虫鱼、吉祥物件的搭配组合，取其谐音、寓意吉祥的图案与纹饰，更是不胜其数。

朱金木雕人物故事纹架子床，局部“杨宗保征西”之“杨宗保大战汪文、汪虎”，“太师少师”，“狮子滚绣球”（左、右）

朱金木雕人物故事花鸟纹架子床，局部“加官进爵”图

朱金木雕人物故事纹拔步床，局部“杨门女将”（左、右）

朱金木雕人物故事瑞兽纹架子床，床楣局部“蔡状元造洛阳桥”（北宋名臣蔡襄高中状元后，为造福百姓在泉州造洛阳桥，获八仙、观音相助的故事）

朱金木雕人物故事纹拔步床，内檐局部“封神演义”哪吒故事

朱金木雕人物故事纹架子床，床楣局部“郭子仪祝寿”

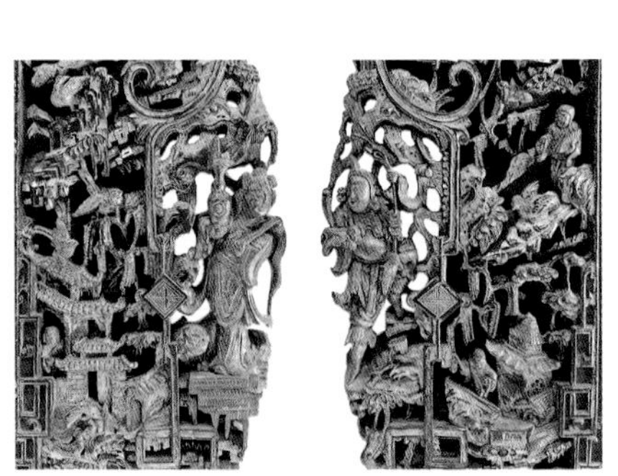

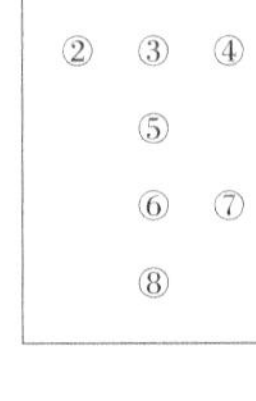

①朱金木雕人物故事纹架子床，局部“天官赐福”（左、中、右）

②朱金木雕人物故事纹架子床，局部“郭子仪祝寿”

③朱金木雕人物故事纹架子床，局部麻姑、天官（左、右）

④花梨木骨木镶嵌花鸟纹架子床，局部“刘海戏金蟾”

⑤朱金木雕人物故事纹架子床，局部麻姑与松鼠葡萄（左），寿星与松鼠葡萄（右）

⑥朱金木雕人物故事纹架子床，局部“麻姑献寿”（左）、“刘海戏金蟾”（右）

⑦花梨木骨木镶嵌人物故事花鸟纹拔步床，局部“福到眼前”“寿居耄耋”（蝙蝠为福，刀谐音到，寿石为寿，菊谐音居，蝶谐音耋）

⑧朱金木雕描金人物故事纹架子床，局部描金漆绘八仙图

四、中国式知识分子的个性表达与心灵观照：托物言志、独善其身的人生观，寄情山水、寓兴物象的审美观

这一部分主要表现为文人审美在床榻装饰艺术中的体现。文人参与到床榻装饰艺术的设计之中，主要是将传统书画艺术引入到家具中来，故而也将文人书画的托物言志、诗以言志、歌以咏怀、文以载道的传统带到了床榻装饰艺术。他们以文字的形式，如诗词歌赋，以绘画的形式，以木雕纹饰的形式，或直抒胸臆，或隐喻志向，或彰显品格、学识、风雅，或寄寓人生哲理，在人生追求上进行个性化表达。

床榻营造了一个相对独立而隐私的小空间，这种文以载道、托物言志的个性化表达，同时也是设计者、使用者的心灵观照之所，在熙熙攘攘的俗世红尘中，给自己打造一个孤芳自赏、自得其乐、独善其身的身心安放之处。下面举几个书画艺术应用在床榻装饰的例子。

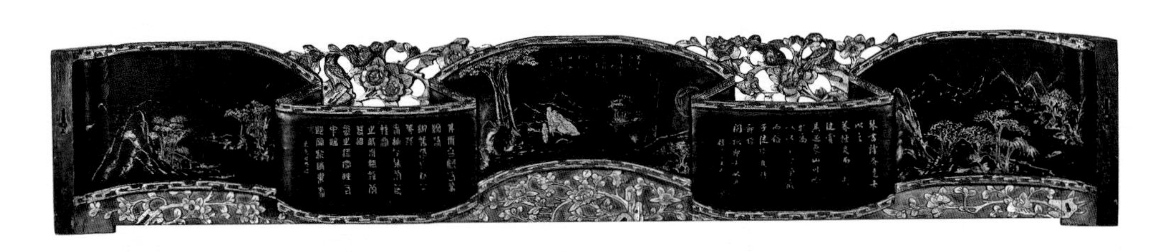

黑漆描金世俗生活图书卷围罗汉床后围屏

该围屏左边篆书魏 · 曹植《洛神赋》:“其形也，翩若惊（鸿），婉若游龙。荣曜秋菊，华茂春松。髣髴兮若轻云之蔽月，飘飖兮若迴风之流雪。晴圣中秋节写于适乐处。”

右边楷书明 · 洪应明《菜根谭》:“琴书诗画，达士以之养性灵，而庸夫徒赏其迹象；山川云物，高人以之助学识，而俗子徒玩其精□。节录。闲谈即书以应伟□以其□。”

刻花鸟诗文书卷围罗汉床后围屏

其书卷围正面刻松鹤、花卉图并填金漆，刻诗文：“春游芳草地，夏赏绿荷池。秋饮黄花酒，冬吟白雪诗。录古诗一首。”“白日依山尽，黄河入海流。欲穷千里目，更上一层楼。应寅昌先生正，乃苹。”下部刻琴棋纹。

左围屏

右围屏

左右两侧围屏中部皆为金漆白描花卉图，下部为玉书纹。左围屏刻诗文："清幽有境亦名山，溢俗凭池水一湾。课罢晚凉余兴在，还将荆棘带云删。录育才校园，禄泳七绝一首。""桃李盈门应侯栽，倚云傍水尽成材。林泉甲子浑忘老，花记逢春几度开。书为寅昌先生正，冰心。"

右围屏刻诗文："高卧元龙一榻张，笔花有梦亦幽芳。忘忧已种阶前草。何必仙家不老方。以应寅昌先生正，乃苹。""芳草名花赛美人，艳阳天气正浓春。学梭巧织天丝锦，簇簇分明燕剪新。书应寅昌先生政，苹心。"

床榻装饰艺术中常用金漆画、彩漆画、纸本或绢本绘画、木雕图像等形式，涉及花鸟、山水、人物、博古等，题材广泛，品位高雅，体现了主人寄情山水、寓兴物象的审美情趣和精神追求。常见例子有岁寒三友、四君子图、岁朝清供图、渔樵耕读、泛舟行旅、文人雅事等。

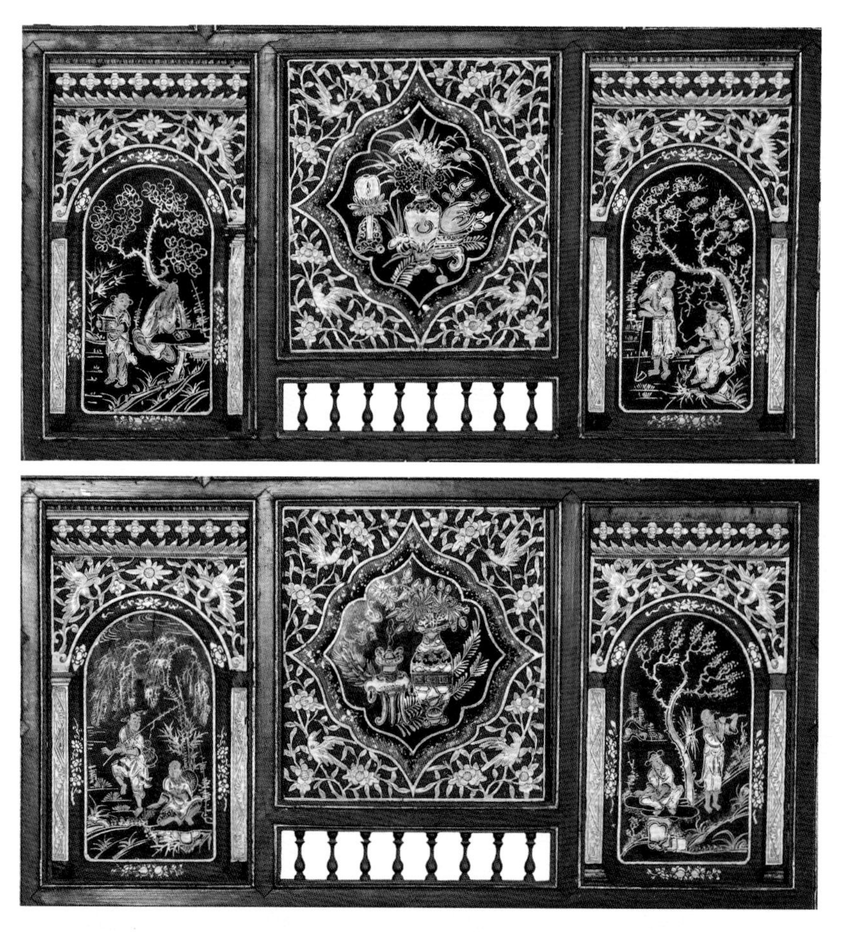

朱金木雕描金人物故事纹架子床，局部"渔樵耕读""岁朝清供图"（左、右）

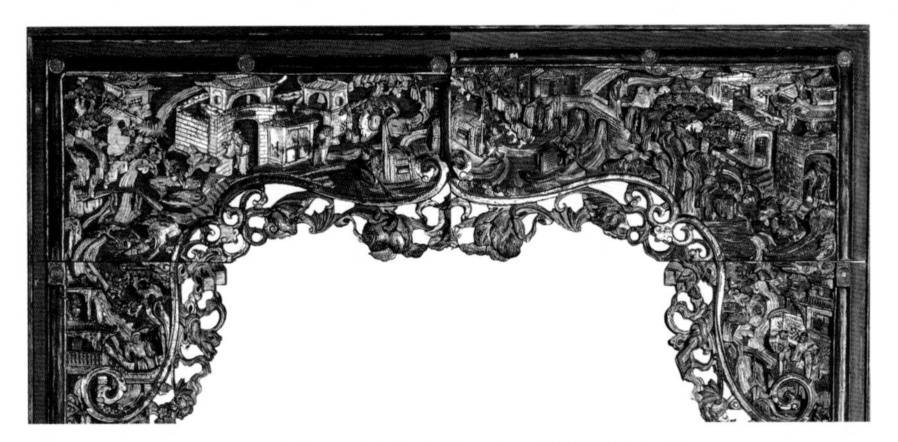

朱金木雕麒麟元宝人物故事纹架子床，局部“泛舟行旅图”（左、右）

花梨木骨木镶嵌人物故事纹架子床，局部“四君子图”之梅、竹、菊

红漆浮雕人物故事纹架子床，毗卢帽上的花卉组图

金漆通雕花鸟瑞兽纹架子床后围屏，彩绘组图：山水、梅花、兰花、竹报平安、杨柳双燕、二甲传胪、吉庆有余

朱金木雕蝠寿纹人物故事纹架子床，局部松鹿纹、听琴图、赏画图（左、右）

五、组合与其他

以上四种类别只是粗略的划分，不能囊括所有的例子，床榻装饰题材之包罗万象，往往还体现在各种元素的组合上。

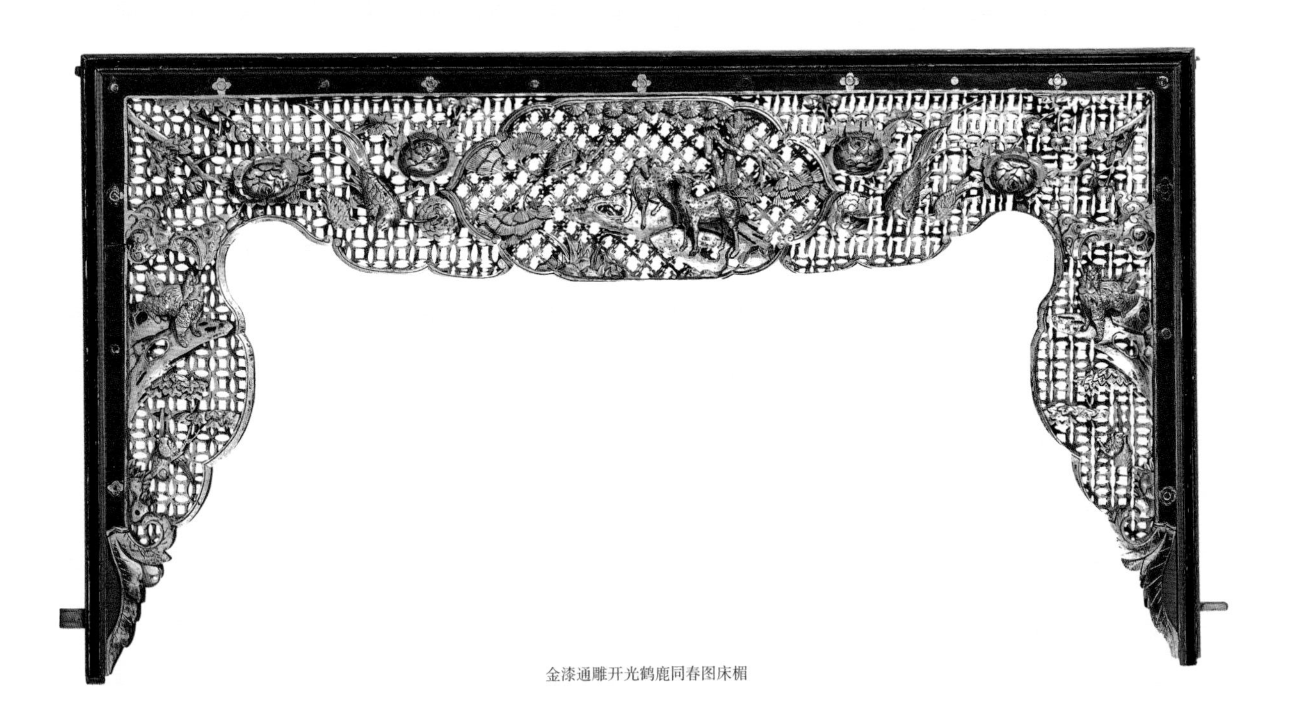

金漆通雕开光鹤鹿同春图床楣

金漆通雕开光鹤鹿同春图床楣是客家架子床的精美构件，其装饰元素非常典型地体现了客家人的幸福观。双层通雕，海棠纹和古钱纹为地；中间以海棠形开光，雕松、兰、鹿、鹤等物，取鹤鹿同春、松鹤延年之意；左右雕牡丹花、绶带鸟，牡丹为富贵之花，鹤、鹿、绶带组合，有福禄寿的寓意；床楣两侧雕麟吐玉书，寓意早生贵子；下部左右雕刻成对的相思鸟，寓意夫妻恩爱。老百姓毕生所能追求的世俗幸福，几乎都能在上面找到对应。

最受欢迎的神仙题材莫过于“福禄寿三星”，它代表的是人世间幸福的总和。它也常伴有其他元素一起出现。

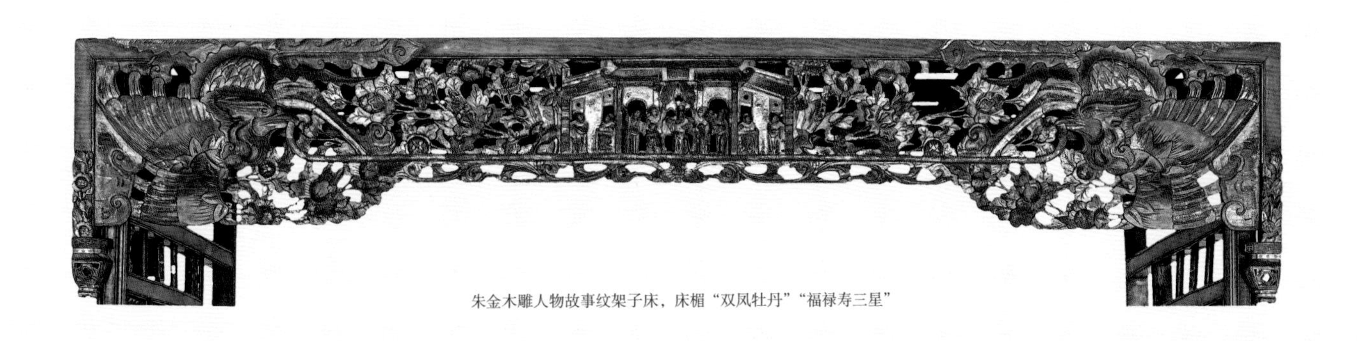

朱金木雕人物故事纹架子床，床楣“双凤牡丹”“福禄寿三星”

金漆通雕人物故事花鸟纹架子床，局部“喜鹊登梅”“福禄寿三星”

朱金木雕麒麟元宝人物故事纹架子床，床楣局部“天官赐福”“麒麟送子”“五福捧寿”

朱金木雕花卉杂宝纹架子床，局部的聚宝盆、瓶花、双狮纹

金漆通雕人物故事花鸟纹架子床，挂檐“一路连科”“仙姬送子”“五子夺魁”“天官麒麟”“喜上眉梢”“凤凰牡丹”

多题材、多元素、多寓意组合在床榻装饰中十分常见，几乎是图必有意，意必吉祥。

其他床榻纹饰还有很多种，比如带有象征意义的文字化或符号化的装饰纹样。下面是一些例子。

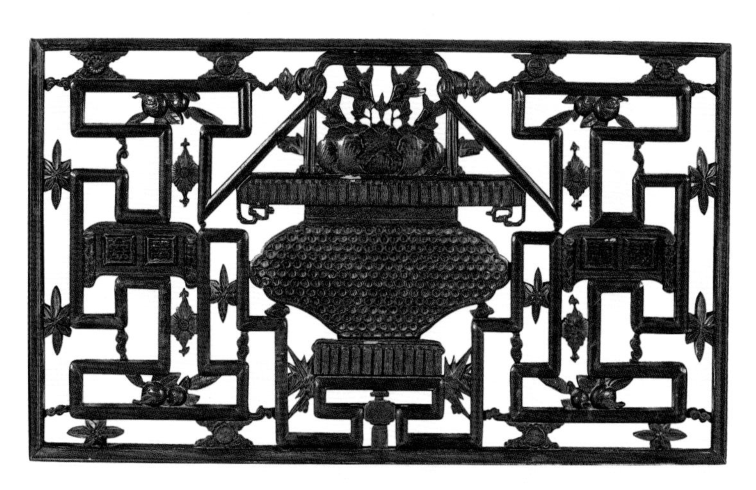

朱金木雕花卉凤鸟纹“鸾凤相和”架子床，后围栏局部花篮纹及“福禄”“寿喜”

朱金木雕花卉杂宝纹架子床，床围栏的“吉祥”“如意”

朱金通雕松鹤纹架子床，床围栏的“卍”字纹

小结

床榻纹饰中的“幸福密语”，是幸福观的一种艺术化表达，它蕴含了人民群众向往美好生活的永恒主题，题材包罗万象，饱含了他们对爱情、婚姻、家庭、事业、人生的追求，对自我与社会的思考与认识，是先民智慧的结晶，是民族审美的反映，同时也体现了中华民族积极乐观、向阳而生的精神品质。

略谈床榻人物纹饰的分类

——兼谈家具上人物故事纹饰形象及其所受影响

田雁

深圳博物馆自20世纪90年代起陆续收集了相当数量的床榻和床榻构件，其上或雕或绘有精美纹饰，除几何纹、花鸟瑞兽纹外，也有许多精彩的人物故事纹。作为传统纹饰中一个重要的分支，人物故事纹在美化床榻的同时，往往也带有一定的寓意，甚或教化作用。本文试图在对床榻上人物故事纹进行归纳的基础上，探讨戏曲、书画、年画、绘本或其他器物纹饰对家具上人物故事纹饰的影响。

一

人物故事纹饰虽归为一类，但其构图和所含图像的内容千差万别，其中或仅有人物，或既有人物亦有道具与背景，其或表达某种寓意，或讲述某段情节。针对纹饰的这些特征，可将其再细分为以下几类：

(一) 独立人物类

这类人物故事纹严格说应为人物纹，通常这类纹饰仅包含人物本身，没有可表达具体情节的背景或动作。这类人物通常具有广泛的认知性，含有特别的寓意。

图1 清朱金木雕松鹿瑞兽纹、浮雕人物故事纹架子床挂檐的主图案即为独立的福星形象

福星在中国传统文化中是由星宿人格化的神祇。木星，又称岁星，俗谓其所在方位有福，故称福星。其后福星的形象逐渐丰满，转而为人的形象，在不同的历史时期和地域，福星的形象原型也不一样，有以真武为福神的，亦有以阳城为福神的，最为常见的是道教中的天官形象，因为道教中的天官主赐福。在馆藏床榻或床构件上出现的福星大都为天官形象，其为官员打扮，怀抱如意或灵芝。

禄星在古代也是真实存在的星辰，为文昌宫第六星司禄，主要掌管人间的禄食。其与福星一样，也在其后逐渐人格化。有禄星手持一张弓，这一禄星实则为张仙，张仙作为神仙的职司主要是送子。因此，在床榻上出现的福禄寿三星中的禄星似乎除了赐予财富外，还有送子的重任。

图2　清朱金木雕人物故事纹架子床挂檐的主图案禄星，即手持弓箭的张仙

图3　民国朱金木雕人物故事纹架子床的月洞形门围上的寿星形象

图4　民国朱金木雕人物故事纹架子床的月洞形门围上的麻姑形象，其与前述寿星正好处于月洞门的左右围之上

图5　清木雕《西厢记》故事纹架子床挂檐柱头所雕和合二仙

寿星原为南极老人星。相较于福星和禄星，寿星独立于三星存在的情况会更常见。寿星在馆藏的床构件上除个体独立存在外，有时会与麻姑相对存在。

麻姑是传说中的女仙，据《神仙传 · 王远》中的记载，麻姑自言其曾“见东海三为桑田”，以此可见其寿数之长。此外，相传三月三日西王母寿辰，麻姑在绛珠河畔以灵芝酿酒，为王母祝寿。长寿之人又有献寿之举，故而民间将其当作长寿之仙。在馆藏床榻中，麻姑常常与寿星两两相对而出。

和合二仙，亦称为和合二圣。是传统中国所供奉的和合之神、欢喜之神。和合二仙源于唐代的万回。清代雍正朝，封唐代天台山僧人寒山为“和圣”，拾得为“合圣”。无论是万回还是寒山、拾得，他们本身都有较高的德性、道行，或能万里致归，或能和谐安乐，所以被民众奉为欢喜、和合的神祇。旧时，民间以和合为掌管婚姻的喜神，并有“欢天喜地”的别称。和合二仙虽为僧人，但在床榻中的形象并不都为僧人装扮，其最为显著的特征是其手持之物，二人通常一人手捧盒，一人手持荷，实取“盒”“荷”与“和”“合”的谐音。

这些人物的出现是不包含任何故事情节，仅代表着其自身的隐喻，如福星代表“福”，禄星代表“禄”，寿星、麻姑代表“寿”，和合二仙代表“喜”等等。

（二）组合寓意类

除了独立出现的人物外，有些人物会以特定的组合形式出现，他们大都与独立人物一样表达了特定的寓意。

福禄寿三星有时会以独立人物形象出现，但更为常见的是以组合形象出现。与独立人物仅能表达一个祝福不同，三星共同出现则同时蕴含着“福禄寿”三种祝福。

图6　清末民国朱金木雕人物故事纹架子床挂檐上的主图案“福禄寿三星”

图7　此两块花板分属两张朱金木雕人物故事纹架子床，其题材均为五子夺魁，上方花板居中之人所拿即为头盔，而下方花板上居中之人所执则为葵

五子夺魁是出现于床榻之上较多的人物故事纹题材，其形象大都是四个孩童将一个孩童围着，争抢其手中所拿之物，有的图案中争抢的物品为一顶头盔，有的则为葵，盔或葵均取其谐音“魁”。

百子图亦称为百子迎福图或百子戏春图，是中国传统的吉祥图案，用以表达多子多孙，子孙昌盛的美好祝愿。图案上多是孩童玩耍的场面，孩童所嬉戏的内容可能不一，但孩童的数量都是满百的。由于百子图中所表现的人物较多，这类图案通常会被切割成多幅出现于床的多个部分。

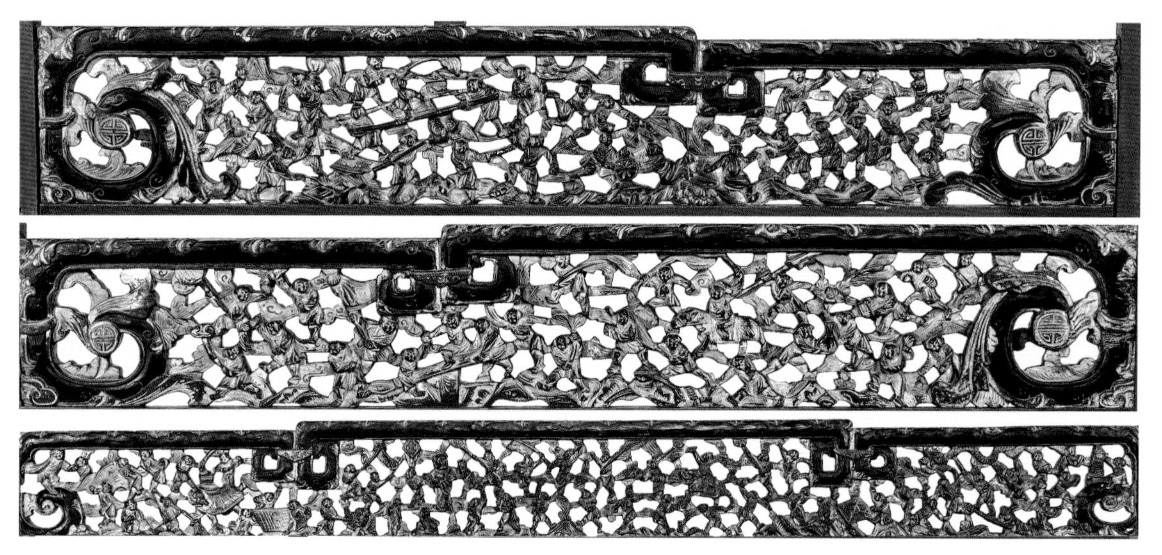

图8　此三块花板属民国黑漆描金人物故事花鸟纹架子床的围栏，其采用通雕的工艺雕出百位小人，其或舞狮、舞龙，或下棋、抬杆、耍大头娃娃，场面分外的喜庆热烈

除百子图描绘孩童玩耍的场面外，床榻上还有两类图案也描绘了儿童的玩耍，一为婴戏图，一为教子图。这类图案中儿童的数量相对较少，婴戏图中小童或三五成群，或一人独耍，而教子图中则大都是在庭院中母亲陪伴着孩童。

图 9　此为架子床的月洞门构件，其左右门围和挂檐上分别有三幅浮雕图案，其内容均有小童嬉戏的场景

图 10　此两幅图案均处于上面月洞门构件中的左门围上，一幅展现的是小童放纸鸢的场景，另一幅则是母亲携童在院内游玩的场景，通常这类图案中孩童手中会举一枝花，大半为桂花，寓意蟾宫折桂

渔樵耕读大都成套出现于床榻之上，它往往体现出文人士大夫所追求的淡泊名利、回归自然、向往田园的思想价值观。

这些图案大都没有明确的故事情节，其组合出现所要表达的是一种美好的寓意和期盼，通常这些图案会有一个固定的搭配组合，或者图案中含有特定的道具或动作。这些都与其所要表达的寓意和期盼密切相关。

图 11　民国朱金木雕描金人物故事纹架子床左右侧围栏花板

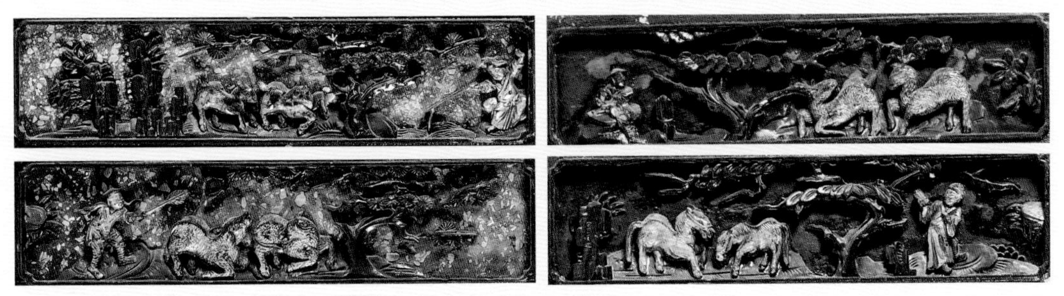

图 12　清朱金木雕人物故事纹拔步床外廊左右门围花板

（三）故事情节类

这些图案可以算作真正的人物故事纹，其图案内容大都表达或者展示了一个明确的故事情节，是一个大故事中最具典型性或代表性的故事场景。这些故事或为民间传说、或为小说传奇、或为戏曲故事。

1. 民间传说

这类故事纹的图案所展现的情节大都是神仙鬼怪类故事中具有代表性或传达某类寓意的情节或场景。

清朱金木雕人物故事瑞兽纹架子床床楣的主图案展示的内容即为民间传说中的蔡状元智修洛阳桥，这个传说流行于福建泉州一带。故事的主人翁是南宋人蔡襄，故事中涉及的神仙人物则是民间最为著名的神仙组合八仙。整个画面并不是展示传说中的某一个情节，而是以桥为天然分界线展示了“蔡襄中状元游街”“仙姑招亲助状元筹款修桥”“八仙祝贺桥成”三段情节，将其连接起来即将这一传说故事中最核心的内容全部呈现在了床的床楣之上。

图 13　清朱金木雕人物故事瑞兽纹架子床挂檐的主图案

民国朱金木雕黑漆描金花鸟、人物故事纹架子床后围栏花板所展示的内容即是被记载在南朝宋刘义庆的《幽明录》中被广泛传颂的“刘阮遇仙”的古老传说。

图 14 民国朱金木雕黑漆描金花鸟、人物故事纹架子床后围栏花板

2. 小说话本

明清时期是中国小说发展的高峰期，大量优秀的小说在这一时期诞生，而床榻上的人物故事纹中有众多即是取材于这些小说话本之中。小说篇幅较长，展现的故事庞大而繁杂，但最终会作为纹饰出现的题材大都是广为人们所熟知的一些情节。

图 15　民国朱金木雕人物故事纹架子床后围栏花板

图 16　民国朱金木雕人物故事纹架子床侧围栏花板

《三国演义》题材是人物故事纹中最为常见的题材之一，其内容包括了众多三国故事中最为常见的情节，如刘备招亲、三顾茅庐、空城计等等。图 15 与图 16 为同一张床不同围栏上的花板，而其所讲述的均为《三国演义》中的经典故事情节，图 15 为张飞夜战马超的场景，图 16 为刘关张三顾茅庐的场景。

除《三国演义》外，《水浒传》《封神演义》《红楼梦》等小说情节也能在床榻人物故事纹纹饰中看到。

图 17　民国朱金木雕人物故事、花鸟纹架子床床楣漆绘纹饰。此纹饰内容即反映的是《水浒传》中三打祝家庄的故事情节

图 18　民国朱金木雕人物故事纹架子床侧围栏花板。此块花板所述情节为《封神演义》中“渭水文王聘子牙”

图 19　民国朱金木雕人物故事、花鸟纹架子床床腿间花板。此花板雕工较差，但从图案可看出其所述情节为《红楼梦》中宝黛共读西厢

3. 戏曲曲目

看戏是古人最为重要的娱乐方式之一，大量戏曲曲目在一代代的传承中为人们所广泛接受，而这些戏曲故事也就成为床榻上人物故事纹题材的重要来源。不同地区有不同的剧种，其最为常演的剧目也会有一些差异，这些差异有时候也会反映在床榻中戏曲故事的纹饰选择上。

图 20　清金漆浮雕“满床笏”人物故事纹床楣花板。“满床笏”是戏曲《打金枝》中郭子仪庆寿一段的情节

图 21　民国金漆木雕人物故事纹床楣的主图花板，花板讲述的“仙姬送子”的故事情节，“仙姬送子”是很多剧种都有一个经典剧目

《荔镜记》是潮剧中较为出名的一个剧目，讲述陈三与黄五娘的爱情故事。在潮汕地区和福建地区这一剧目更为流行，因此以这一剧目情节为题材的纹饰在潮汕、福建地区的床榻上出现的情况更多。

图 22　民国朱金木雕描金人物故事纹架子床侧围栏花板。花板采用描金漆绘工艺将《陈三五娘》这一剧目的主要情节绘于其上，有部分花板上还题写了情节的大致内容

《西厢记》是讲述张生与崔莺莺有情人终成眷属的戏曲故事，很多剧种都有此剧目，其中以越剧最为出名。在江浙地区的床榻上这类题材的纹饰更为常见。

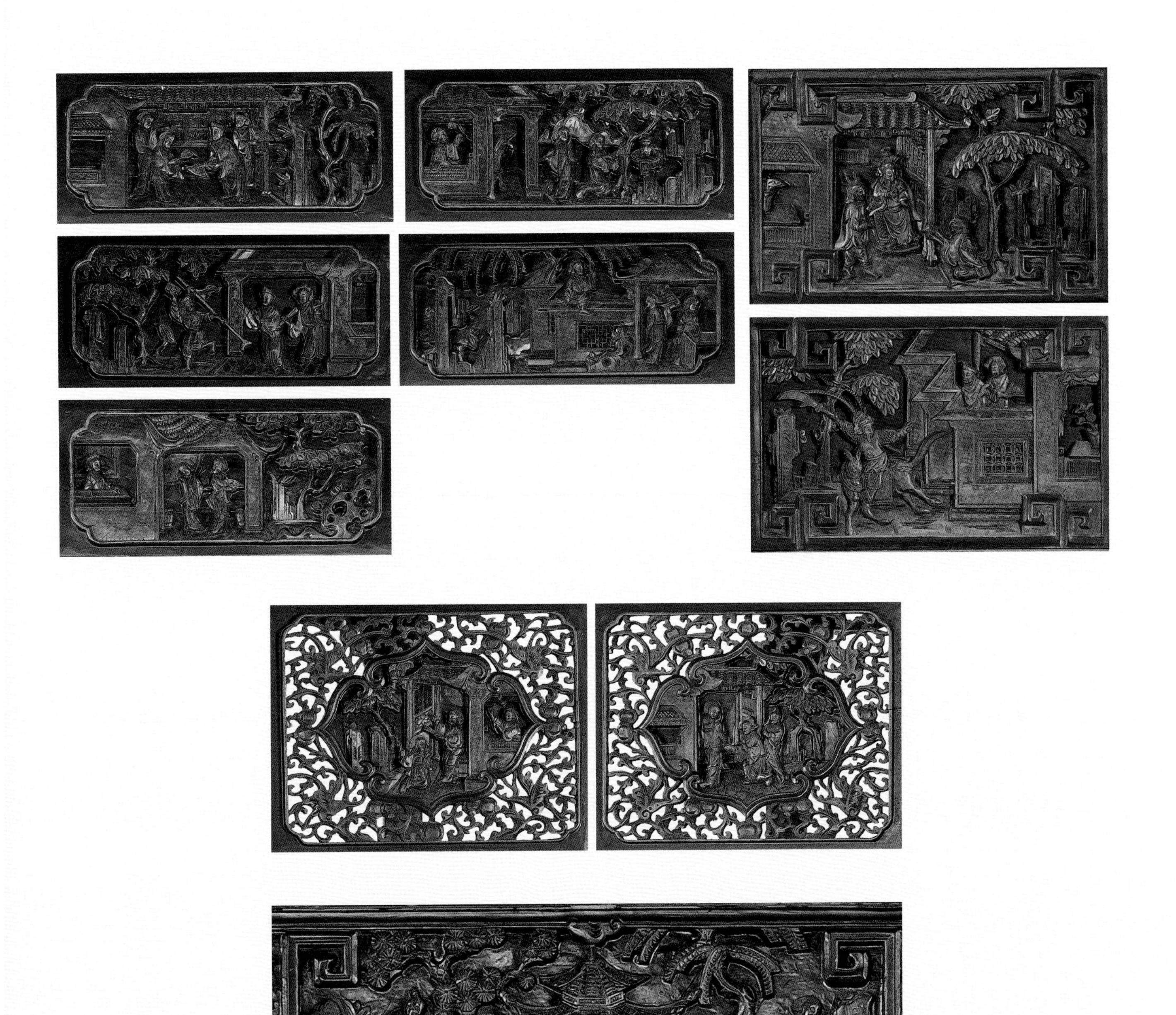

图 23　清木雕《西厢记》故事纹架子床挂檐及门围装饰花板。这一系列花板自“惊艳”至“送别”，几乎讲述了一出完整的《西厢》故事

4. 教义故事

教义故事主要是指二十四孝的故事，这类故事以宣扬古人的孝道观为主。每一幅图案讲述一个故事，图案中通常会出现具有代表性的物品和人物以突显故事的核心内容。由于二十四孝以宣扬孝道为主，因此这类图案大都会出现在为双亲贺寿所制的器具之上，由此推测刻有这类图案的床榻有极大概率是给长者所用。

图 24　清木雕《二十四孝》图架子床门围花板。两块花板分别讲述了二十四孝中“扇枕温衾”和“乳姑不怠”两个故事

图 25　民国描金漆绘人物故事纹架子床后围栏及侧围栏上的核心图案。五幅图分别讲述的是二十四孝中的“鹿乳奉亲”“为亲负米”“哭竹生笋”“怀橘遗亲”“涌泉跃鲤”五个故事

二

床榻上的人物故事纹图案是床榻装饰性图案中最为重要的一类，其数量众多，而具体内容也较为繁杂，甚或有相当数量的人物故事纹内容是难以解读出来的。在笔者前期做资料收集的过程中亦发现人物故事纹内容的解读是一个普遍认同的难点。那么这些木雕或漆画的创作所据为何，灵感来源又是哪里？笔者试图从这些人物故事的分类窥探一二。

（一）独立人物类和组合寓意类

独立人物或组合寓意类的纹饰大都是具有特定吉祥寓意的纹饰图案，这类图案中有相当一部分是中国传统的吉祥纹样。例如福禄寿三星、和合二仙、五子夺魁等等，因此这类图案在传统年画以及各类器具纹饰中都可以看到。

这类图案大都具有相对固定的范式，人物组合、人物形象甚至人物背景都有着相对固定的搭配。它们往往因其特有的寓意，会出现在特定的时期或场合之中。

图 26　三组图案均为福禄寿三星的组合，其人物形象大体类似三星所持物品基本一致，仅床挂檐上的寿星多拿了寿桃

福禄寿三星作为吉祥纹样在年画、瓷器、丝织、砖雕等各材质的器物上均有出现，其作为一种组合寓意式的图案，在人物构图上大都以福星居中，禄星和寿星分居其左右，而在三者所持器具上，居中的福星多持如意如灵芝（二者极为相似），寿星则大都拄杖托桃，仅有禄星其所持差异较大，有的怀抱小童，有的怀抱金元宝，有的持扇，亦有禄星无所持，但从人物形象上福星多为头戴长翅帽的官员打扮，寿星则是圆脑门的长胡须长者，禄星为富家翁的员外形象。

与福禄寿三星的图案类似，麻姑献寿的题材也是中国传统吉祥图案，在构图上同样也有一定的范式，麻姑大都为仙姬形象，手中或捧桃，或持酒，有的则扛或拿寿篮，无论哪类物品都蕴含寿的寓意，此外除独立的麻姑形象外，有些时候会有松、鹿出现于麻姑周围，同样传达寿的寓意。

图 27　左为馆藏盘金绣寿幛，右为馆藏家具木雕花板，其图案均为麻姑献寿，这两个图案中的麻姑均肩扛寿篮，身边有仙鹿相伴，二者的不同仅在于人物衣着和手持之物，刺绣上的仙姬手持一朵花，而木雕上没有。但从整体结构看相差并不大。

而百子图、婴戏图、教子图等蕴含吉祥寓意和期盼的纹样则相对会灵活一些，通常纹饰中人物的动作、道具可能并不完全一致，但在人物形象、妆扮上会有类似。

图 28　清乾隆 粉彩山水婴戏图大瓶（局部），广东省博物馆藏

图 29　宋苏汉臣《百子嬉春图》，故宫博物院藏

图 30　宋苏汉臣《长春百子图卷》（局部），台北故宫博物院藏

从这些图片和器物纹饰来看，无论百子、婴戏或者教子，他们所做的活动可能千差万别，其核心人物从头顶的发髻来看都是绝对的小童。

由此可见家具上这类独立人物或组合寓意的人物故事图案大都会参考一些画稿或器物纹样，它们会遵循一定的范式，或者有着特殊的人物形象，或者包含具有一定代表性的道具。

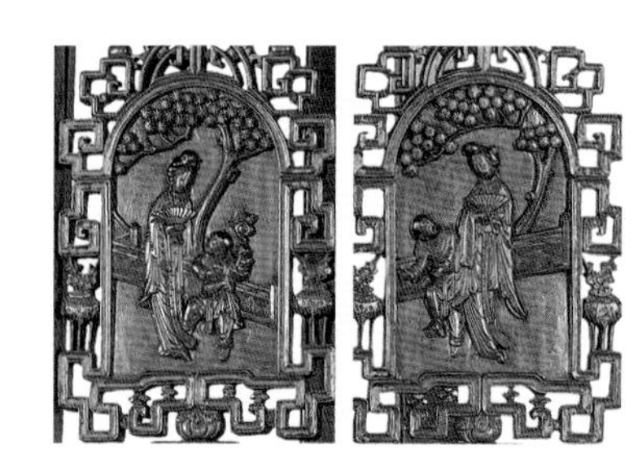

图 31　民国木雕人物故事纹附踏架子床门围（局部）

图 32　清浮雕婴戏图侧床围

(二)故事情节类

故事情节类的人物故事纹图案其故事来源可能是传说，可能是小说，可能是杂剧戏曲，但其最终为普通百姓所熟知有一个重要的途径就是戏曲，这些传说、小说大半会被改编为各种剧目在不同的剧种中上演，而在床榻或家具上出现较多的纹饰图案也很可能是最为时人所喜爱和熟知的剧目中的情节。

从一些床榻或家具的人物故事纹图案的构图和人物形象等来看，其中融入了相当多的戏曲元素。即使有部分图案无法准确判断其所属剧目，但亦能从此看出其灵感大半来源于此。图 33 是采集于家具上的人物故事纹图案。这些图案都有些许背景，或为花石、或为树木、或为屋城，以体现故事发生的环境，但从人物身上就能看出其自身所带的戏曲属性。a 图案中画面右侧的人身穿铠甲，将头上的两根花翎衔于口中，这一动作就是戏剧表演中的双衔翎。左侧两名女子中后者平举两面画有车轮形状旗，前者则立于两面旗之间，这就是戏曲中的道具车旗，前后两人利用车旗即可配合表演推车与坐车的行为。这两组动作可见是典型的戏曲表演动作。b 图案中仅有两个人物，其背景也极为简洁，如果从左侧男子身上看不出典型的戏曲风格，那看到右侧的女性就会发现，其头上所戴的翎子，手中所执的马鞭，都是戏曲上常用的道具。c 图案虽然有着具象的城墙和马匹，但城下交战的两名武将背上均有四面靠旗，而这一装束在现实战场上是不可能出现的，显然也是借鉴自戏曲舞台。d 图案中骑于马上的女将头上所戴有六个圆形凸起（另有一个已缺佚），这与戏曲表演中女将所戴的七星额子也极高相似。

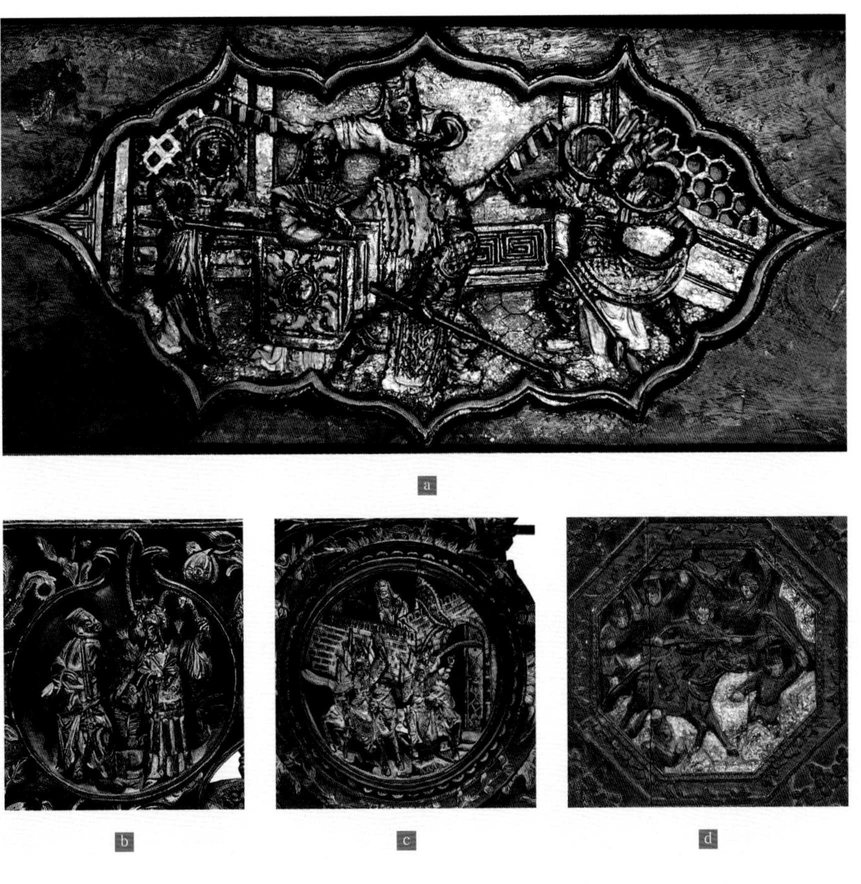

图 33　家具上的人物故事纹装饰花板或图案

传统戏曲中对于人物的形象都是有着一定的规律和范式的，不同的人物会有着与之相符特征的服饰和造型，会在特定故事情节上展示特定的动作和体态，尤其到了清中后期，民间戏曲已有明确的服饰行头，因此家具木雕在雕绘这类有着一定故事情节的图案纹样时会借鉴戏曲中的服饰、动作以表现人物的身份，展现故事的情节。

与舞台艺术一样的是图案也是要在方寸之间展示大千世界，因此要将繁杂的内容浓缩在有限的空间里就要采取精简的方式，例如以令旗代表千军万马，以一面墙或门代表城池或宅院等等。这类人物故事纹图案虽然相当部分参考了戏曲的表演的剧目，但也并非全盘照用。而与舞台艺术不同的是，画面性的图案可以采用相对实写的方式来展示环境。

“明皇游月宫”是木雕中较为常见的一个题材，它最初是以民间传说的形式流传，后越剧、潮剧、粤剧、川剧等多个剧种都有这一题材的剧目。从两幅木雕图案来看，同样是借鉴了戏曲的人物形象，图案中明皇所戴即为戏曲舞台上帝王的九龙冠，但显然其环境的描摹较之舞台上写实得多，仙娥所立之楼榭、周边所植之松柏都明确表现出明皇所游之所的优美。

图 34　家具上的纹饰图案“明皇游月宫”

（三）教义故事类

“百善孝为先”，作为中国传统伦理中最为重要的一点，孝的观念到元明二十四孝故事基本定型已流传了数千年，而为了传扬这种道德观念，与孝相关的图案也早已出现，汉代墓室、石阙、祠堂中的画像石，宋金墓葬中的漆棺、陶塑、壁画、砖雕，其间都会有与孝相关的图案出现。这些图案的核心内容基本是定格在最能体现人物孝行的瞬间。清中后期至民国时期的家具上所展示的二十四孝内容基本相同。这些图案大都也有着其固定的范式。通常图案中会出现一些二十四孝故事中较为典型的器物或行为，以此来诠释故事所在表达的涵义。

与前面两类人物故事纹不同，二十四孝故事作为一个有着简单概括性的情节，但却并没有过度艺术化内容的小故事，其纹饰图案的创作灵感很难单纯归于戏曲舞台或传统流传的纹饰图样在其他器具上的应用。

清至民国家具上二十四孝的故事基本源自元郭居敬所辑的《二十四孝》，郭居敬将这些人的故事“序而诗之，以训童蒙”，因此

图 35　家具花板上的“行佣供母”和“为亲负米”

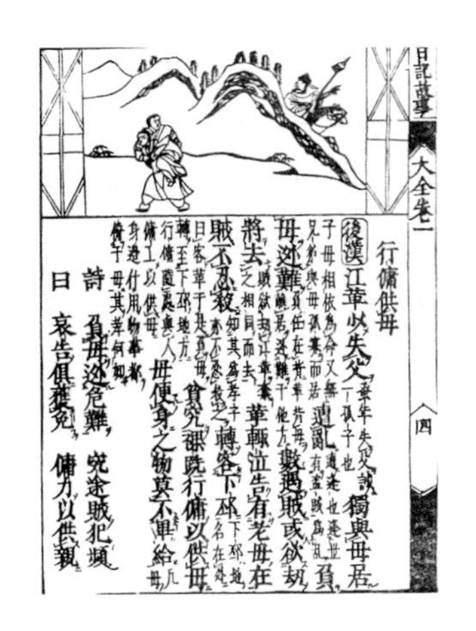

日記故事 大全卷一 四

行傭供母

後漢江革以失父，獨與母居。遭亂，負母逃難，數遇賊，或欲劫將去，革輒泣告有老母在，賊不忍殺。轉客下邳，貧窮裸跣，行傭以供母，母便身之物，莫不畢給。

詩曰：負母逃危難，窮途賊犯頻。哀告俱獲免，傭力以供親。

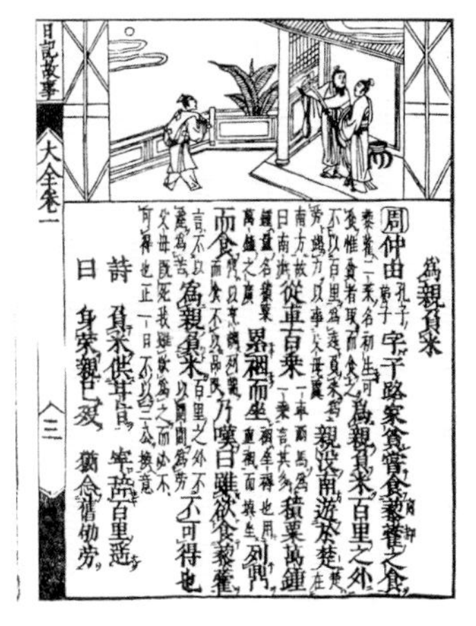

日記故事 大全卷一 三

為親負米

周仲由字子路，家貧，常食藜藿之食，為親負米百里之外。親沒，南遊於楚，從車百乘，積粟萬鍾，累裀而坐，列鼎而食，乃嘆曰：雖欲食藜藿，為親負米，不可得也。

詩曰：負米供甘旨，寧辭百里遙。身榮親已沒，猶念舊劬勞。

图 36　明万历忠恕堂版《日记故事》中的“行佣供母”和“为亲负米”

这些带有教化用意的故事在普罗大众中是有着一定市场的，后世在编撰此类蒙学书给其所配的图像也会对社会各阶层产生一定影响。明中后期的蒙学书《日记故事》中所配“二十四孝”图像基本形成了其自身的图像系统，成为当时社会宣扬孝道的主流图案。而观察清和民国时期家具上二十四孝图案，也不难看出其对后世此类图案的影响。

人物纹饰作为家具装饰中体量较大的一类纹饰，它丰富的画面内容，在给人们以美的感受的同时，也充分激起了人们的好奇心。对于人物纹饰的解读一直都是一个难点。本文在前期对部分纹饰进行解读的基础上对其进行一个大致的归类，同时根据不同类别来分析其粉本或雕绘灵感的来源。例如独立出现的人物往往可能拥有特殊的寓意，其大多与传统的吉祥纹饰有关，有些也会出现在其他器物上，那么是否可以在详细了解中国传统吉祥纹样的基础上去寻找人物的身份？带有一定故事情节的图案大都有着戏曲舞台的特征，而民间木雕艺人有可能会通过其熟知的戏曲舞台来寻找灵感，那么是否可以通过寻找家具风格所在地剧种的热门剧目来解读其所反映的故事情节？本文即希望通过对人物纹饰的分析来提出一种通过倒推来寻找其反映人物为谁、故事为何的方法。

参考文献：

① 吴滨、赵维扬：《甬上工巧拾萃》，宁波出版社，1996 年。

② 孙丽莎：《木雕“百子闹元宵”及明清徽州木雕兴盛原因初探》，硕士学位论文，安徽大学，2010 年。

③ 顿春林：《潮州木雕 <二十四孝> 造型语言研究，硕士学位论文》，广东技术师范学院，2015 年。

④ 吴瑶：《“杨香扼虎”的图像及其观念研究》，硕士学位论文，中央民族大学，2020 年。

⑤ 张炫：《论元代 <日记故事> 中“二十四孝”的流传及影响》，《绵阳师范学院学报》2014 年第 3 期。

⑥ 张翟、周武：《嘉道年间婺州戏文木雕装饰艺术研究》，《美术大观》2020 年第 5 期。

⑦ 陈彦君：《明中后期蒙学版画图像的政治流播——从 <日记故事> 系统“二十四孝”图像谈起》，《收藏》2020 年第 4 期。

后记

文物是博物馆的基础。馆藏数量及藏品价值，是衡量一个博物馆实力和地位的最重要标志。深圳博物馆现有文物藏品 2.7 万余件，其中民俗文物 2000 多件（套）。民俗文物征集来源地以岭南为主，辐射南方地区，侧重特色文物的系统性收藏。总的来看，大致可分为金木雕、牌匾、楹联、家具、杂项类。

我馆床榻文物来源主要有三个：一是拨交，1992 年接收深圳市公安局拨交的一批床楣、门围等；二是征集购买，1996 年至 2002 年间，黄崇岳、杨耀林、张一兵、黄诗金、李龙章等前辈，不辞辛苦赴粤、赣、闽乡间分批征集入藏，包括 20 多张整床及大量床楣、门围等构件；三是社会捐赠，2019 年深圳市民张之先先生向我馆捐赠了清代至民国整床 34 张，其款式多样，工艺精美，雕饰繁复，丰富和充实了我馆家具类民俗文物的收藏，并使我馆床榻典藏有了一定规模，形成了一大特色。

我馆历来重视馆藏民俗文物的研究和利用，在对民俗藏品进行整理、数据采集、研究解读的基础上，先后策划、举办“深圳民俗文化”“贞干表微——深圳博物馆藏牌匾精品”“金木交辉——岭南金漆木雕、描金漆绘精品展”系列原创性展览，并配套编辑出版了与展览同名的研究性图录。

此次，新推出的“坐卧安寝——深圳博物馆藏床榻精品展”，源于张之先先生捐赠古床时提出的一个心愿，希望收藏单位能对这批古床进行研究，展览展示及出版图书资料。有鉴于此，为充分利用馆藏床榻文物资源，我馆科学研究、有力部署，组建了一支经验丰富的策展团队。我们以张之先捐赠的古床为基础，盘点馆藏，遴选精品，解读研究，悉心打造。历经两年，在相关单位和个人的支持帮助下，如期推出展览，集中展示馆藏床榻精品以及床榻所独有的文化价值和艺术风貌；并编辑出版研究性图录，公布我馆在馆藏床榻研究上的初步成果。

坐卧安寝，诗礼传家；精工巧艺，文化绵延。床榻是社会风俗变迁的宝贵遗存，体现了中华优秀传统文化。本书对每一张床及构件的介绍，力求考证严谨，并附专题文章，使得本书既有一定的图书资料价值，还具有一定的学术价值。希望此书的出版能吸引更多人关注床榻及床榻文化。